JN000251

現代光コンピューティング入門

博士（工学）　**成瀬　誠** 著

コロナ社

ま え が き

　近年の人工知能（artificial intelligence：AI）の進歩に見られる社会のいっそうの情報化は，情報通信量やコンピューティング需要を劇的に増大させている。そのため，従来技術の限界を克服し，今後の情報社会を支える新たなコンピューティングの原理と技術の創出が期待されている。そのなかの一つが，光を使ったコンピューティング——**光コンピューティング**（photonic computing）——である。

　光は，英語では light や photon，光に関連した技術領域（光技術）は，英語ではフォトニクス（photonics）と呼ばれる。光やフォトニクスはすでに情報通信社会に不可欠な基盤となっており，身近なところでは，光通信は現代のインターネットの根底を支え，携帯電話などに搭載されている画像センサなどはフォトニクスの典型例といえる。

　光コンピューティングとは，光の役割が，光通信に見られる通信だけでなく，あるいは画像センサに見られる計測だけでなく，コンピューティングや知的機能にまで期待されていることの現れでもある。量子コンピューティング（quantum computing）は，最近ではメディアでも盛んに取り上げられるようになったが，光コンピューティングについてはわが国ではまだまだあまりよく知られてはいないかもしれない。一方，海外に目を向けると，光コンピューティングの研究は 2010 年代以来きわめて活発になっており，欧米ではスタートアップ企業も多数生まれている。

　このような背景の下，本書は光コンピューティングの基礎から先端研究までを速習することを目指す。

　光コンピューティングという研究領域は，「光」と「コンピューティング」という，一見するとだいぶ性質が異なる学術領域を基礎としている。そのため，初

学者にとっては，このような研究の前提知識を効率的に収集することは簡単ではないと思われるかもしれない。しかしながら，両者に関して必要最小限の知識や勘所さえつかみ取ってしまえば，光コンピューティング研究の最前線になじむことはそれほどに難しいことではない。

そこで，本書では「光」——物理学的な側面——と「コンピューティング」——情報学的な側面——を織り交ぜながら，順を追ってじわじわと議論を進めていく。まず，光コンピューティングが着目している光の代表的な性質を振り返る。そこで扱う内容の一部には，中学や高校の理科や物理で習うことも含まれているが，「光をコンピューティングに応用する」という展望を見据え，光の性質を「情報」という観点で捉えていく。つぎに，光コンピューティングを視野に入れながら現代の情報通信技術を俯瞰する。現状のコンピュータの構造的課題やコンピューティング需要の爆発的増大などの背景を概観するとともに，現代のコンピューティングの構造としての方向性をレビューする。

そののちに，本書の主題である現代の光コンピューティング研究を俯瞰する。最先端のフォトニクスを駆使した行列ベクトル演算やニューラルネットワークの実現，リザーバコンピューティング，イジングマシン，意思決定などの原理とシステムのメカニズムをできるだけ簡潔に説明する。光の基礎的な性質が情報機能とさまざまに融合し，光コンピューティングの新たな潮流がつぎつぎと生まれている様子が感じられるだろう。

AIやBeyond 5Gなどに見られる先端情報通信技術の社会における重要性から，コンピューティングへの強い要求は今後もとどまることなく進展すると考えられる。そのため光を含め，物理系を活用するコンピューティングの研究の活性度は今後も高い状態で推移すると期待される。本書をきっかけとして，このような研究領域の存在が認知され，研究者の知的好奇心が惹起され，ひいては新たな視点に基づく革新的な光コンピューティングの研究がつぎつぎに生まれるという好循環につながれば幸いである。

本書の執筆は，石川正俊東京大学名誉教授，大津元一東京大学名誉教授，堀裕和山梨大学名誉教授という著者にとっての研究メンターによるご指導と，数

多くの協働研究者との研究協力を通じて得られた知見によるものである。関係各位に深く感謝申し上げる。また，内田淳史埼玉大学教授，鯉渕道紘国立情報学研究所教授，砂田哲金沢大学教授，菅野円隆埼玉大学准教授，川上哲志九州大学准教授には，本書について有益なフィードバックをいただき，深く感謝申し上げる。また，研究の実施に当たって，日本学術振興会科学研究費補助金，科学技術振興機構戦略的創造研究推進事業 CREST などの研究資金に支えられた。

2023 年 7 月

成瀬　誠

　誠に残念ながら，本書の著者である成瀬誠先生が書籍製作中にご逝去されました。本書発行に当たっては，ご遺族の了解を得て出版することができました。

　最後に，成瀬誠先生のご冥福を心よりお祈り申し上げます。

2024 年 1 月

成瀬研究室プロジェクトシニアマネージャー　中田　俊彦

目　　　次

1.　光コンピューティングにおける光の基礎

2. 現代光コンピューティングのための情報通信技術の俯瞰

3. 現代光コンピューティング

4.　さらなる発展に向けて

1 光コンピューティングにおける光の基礎

1.1 「現代光コンピューティング入門」に向けて

　光を情報処理に応用するという研究領域は，1960 年代にレーザが発明される以前から始まり，非常に長い歴史を持つ。光を情報のキャリヤとし，さらに光の有するさまざまな物理的性質を利用して情報を処理する構造がそれぞれの時代で探求され，時代とともに，光情報処理，光コンピューティング，情報光学，情報フォトニクス，フォトニックコンピューティングなどとさまざまな名称で呼ばれてきた[1]†。

　このような長い歴史のなかでは，「光」に対しても「情報」に対しても，さまざまな立場から数多くの研究開発が展開されてきた。特に，1980 年代は光コンピューティングの研究がきわめて活発に行われた。当時の研究は，書籍『光コンピューティングの事典』[2] に系統立てた形で整理され，具体的な研究開発事例だけでなく，必要な光の物理的基礎や情報システムの基礎についても詳細に解説されている。

　では，本書『現代光コンピューティング入門』はどのようなアプローチをとるのか？

　「現代光コンピューティング入門」は，2010 年代以降に革新的に発展してきた最近の新たな光コンピューティングを押さえなければならない。過去の光コンピューティングに対して概念的にも技術的にも異なる側面があり，そこが現

---

†　肩付き数字は，巻末の引用・参考文献番号を表す。

代光コンピューティングの一つの大きな特徴でもある。実際に，光を用いた行列計算モジュールがスタートアップ企業から出荷されるに至っており，このような技術レベルの向上も見逃せない。

一方，現代光コンピューティングにおいても，引き続き，この分野が光と情報の境界領域に位置することは不変であり，特に光の基礎的知識は欠かせない基盤となる。ただし，個別の具体的な光科学や光デバイス技術に関して，過剰にかつ詳細に辞書的・網羅的にカバーすることは，入門レベルである本書にはなじまない。

そこで本書では，まず1章において，現代光コンピューティングへの応用展開を見据えつつ，光の基本的，代表的性質をレビューする。詳細については，文中で引用している書籍や論文を参照されたい。

1.2　現代光コンピューティングを見据えた光の基本的性質

1.2.1　光速とは何か

光の速さ c はおよそ $299\,792\,458\,\mathrm{m/s}$ であり，1秒間に地球を約7周半するほど高速である。この高速さをもって，光コンピューティングは「光速計算」などと呼ばれることもある。

ただし，**光速**（speed of light）は「光」に限った話ではない。通常，「光」とは，私たちの眼に見える光（可視光）や光通信で使われる光（近赤外光）など，波長（wavelength）が $100\,\mathrm{nm}$ 程度から $10\,\mathrm{\mu m}$ 程度の範囲の電磁波を指す。これらの「光」は真空中を光速 c で伝搬する。これらの波長以外の電磁波，例えば無線LAN（local area network）で使われている「電波」（例えば，周波数 $2.4\,\mathrm{GHz}$，波長 $12.5\,\mathrm{cm}$）も真空中を光速 c で伝搬する。

いったい，光速とは何なのか？　その理解のためにはアインシュタインの特殊相対性理論が不可欠である[3]。アインシュタインは，空間と時間をセットにして，私たちが住んでいる宇宙がどのように構成されているかを考えた。ゆがんでいない空間では，一様に進む時間の刻み dt と光速 c を距離に換算した目盛

cdt と，ゆがんでいない空間に平行移動で引いたまっすぐな基準線に沿って，座標を刻む目盛 dx, dy, dz をとり

$$ds^2 = c^2dt^2 - dx^2 - dy^2 - dz^2 \qquad (1.1)$$

が宇宙のどこにおいても変わらないものとしなければ，この宇宙に意味を見いだすことができないことに気が付いた。この ds は世界間隔（world interval）と呼ばれる。

　ここで出てくる光速 c は，時間を計る尺度と空間を計る尺度の変換係数である。このように，光速 c とは，時間と空間の変換係数であり，そもそも私たちが実際に住んでいる宇宙を規定しているものと理解しなければならない。1 メートルを空間の尺度，1 秒を時間の尺度とすれば，その変換係数である光速 c はおよそ 299 792 458 m/s となる。

　光速 c はどのようなシステムにおいても一定であるので，光速が c から少し速くなったり，あるいは少し遅くなったりすることもない。このことから，光には進行方向に並行に振動する成分がなく，横波であることがわかる。これに対して，音や地震波などは進行方向に並行に振動する成分を有する縦波である。同じ波動現象とはいえ，光は時空を規定する光速を基礎としていて，音波などは媒質の存在を絶対的に必要とし，相互に著しく異なった側面を伴っている。

1.2.2　広帯域性

　光を特徴付ける性質の一つは**広帯域性**（broadband performance）である。

　ここでは，光通信で使われている波長 1.55 μm の光を考える。この光は，1 秒間におよそ 194 兆回振動している（約 194 THz）。波が 1 秒間に何回振動するかを**周波数**（frequency）や**搬送周波数**（carrier frequency）と呼ぶ。実際の光は，「ある最小周波数」から「ある最大周波数」まで周波数に幅を持っている。この最大周波数と最小周波数の幅を**帯域幅**（bandwidth）と呼ぶ（**図 1.1** 参照）。光通信で使われる波長 1.55 μm の光における帯域は 100 GHz 程度である。

　一方，例えば 2.4 GHz 帯の無線 LAN では，たいていの場合，帯域幅は 20 MHz

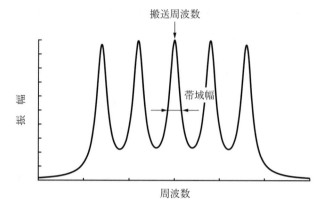

図 1.1 搬送周波数と帯域幅

程度に過ぎない。この簡単な例では，光の帯域幅は無線のそれよりも 5 000 倍
も大きい。このような光の広帯域性は，2.4.2 項で紹介する光通信の根底を支え
ており，現代の光コンピューティングの基盤となっている性質の一つである。

1.2.3 並列性

カメラで画像や映像を撮るとき，撮影の対象となる物体からカメラのなかの画
像センサに向かって光が並列に伝わっている（複数点から出た光が同時に複数
点に伝わる）（**図 1.2**(a) 参照）。このように光が並列に伝わるということ——**並
列性**（parallelism）——は，私たちの生活において当たり前に観測される性質だ
が，光の特徴がよく表れており，最新の光コンピューティングでも活用されて
いる。

単純なシステムとしてレンズ 1 枚の系を考える。レンズに並行な光が入射す
ると，レンズの作用によってレンズの焦点距離の位置に光が集まる（図 1.2(b)
参照）。これは並列の光線を一点に集めているが，「情報」の観点からは，ある
面内の情報をレンズによって特定の位置に**集約**（summation）できることを意
味している。

逆に，レンズの焦点位置に光源を配置すると，光源から出た光はレンズによっ
て並行な光となる。つまり，光源という空間中の一点にあった情報が，レンズ

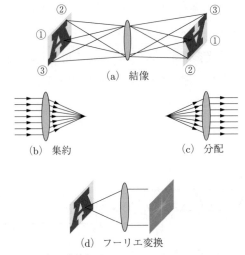

(a) 結像

(b) 集約   (c) 分配

(d) フーリエ変換

図 1.2 光の並列性：結像，集約，分配，フー
リエ変換

によって面内の多数の場所に同時に**分配**（broadcast）されている（図 1.2(c)
参照）。

このように，「集約」「分配」などの機能を光で実現するということは，情報
の観点において現代の光コンピューティングの基礎を支える重要な特質となっ
ている。同様に，2 次元情報の拡大，縮小，平行移動などもレンズやミラーを
介した光波伝搬で実現できる。

さらに，レンズ 1 枚と光の伝搬だけで**フーリエ変換**（Fourier transformation）
が実現できる（図 1.2(d)，1.3.7 項参照）。フーリエ変換とは，信号を周期信号
の重ね合わせに変換する操作である。すなわち，光は空間中を伝搬するだけで
ある種の信号処理を実現できる。光を用いたシステムでは，このような光の伝
搬をいかに精度良く，かつ効率的に実現するかが，具体的なシステム設計上の
課題になる。

1.2.4 コヒーレンス

波と波が重なったとき，それらがたがいに影響を与え合うことを**干渉**（interference）という。現代の光コンピューティングでも，多様に活用されている基礎的現象である。加えて，「そもそもこのような干渉が生じるのか，生じないのか」を考えることは，光を情報システムとして応用していく上で非常に重要な視点である。このことを，**図 1.3** の簡単な例を用いて考えてみよう。

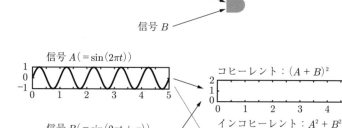

図 1.3　光のコヒーレンス

信号 A は単位時間に 1 回振動する振幅が 1 の波動 $A = \sin(2\pi t)$，信号 B は信号 A に位相 π を加えた波動 $B = \sin(2\pi t + \pi)$ だとする。すなわち，B は A を反転させた信号である。いま，信号 A と信号 B が検出器に到来している。**検出器は，振幅の 2 乗を検出できる**ものとする。

このとき A と B が「相互に干渉する」のであれば，検出器で検出される信号は **A と B を振幅としてまず足し算し，それを 2 乗したもの**になる。すなわち，$(A+B)^2$ となる。いまの場合，$A+B$ はどの時刻でも 0 なので，$(A+B)^2$ はつねに 0 となる。このような状況を A と B は「**可干渉性（コヒーレンス（coherence））がある**」，あるいは「**コヒーレント（hoherent）である**」などという。

一方，A と B に可干渉性がない，すなわち**インコヒーレント**（incoherent）であるときは，検出器で検出されるのは，**それぞれの信号を 2 乗したものを足し算したもの**，すなわち A^2 と B^2 の和となる。検出される信号は $A^2 + B^2 (= 1 - \cos(4\pi t))$ となり，先のコヒーレントの場合とはまるで異なった信号となる。このように，**信号を重ね合わせた上で検出するのか，個々の信号の検出を考えるのか，とい**

う区別は，たいへん重要な視点である。武田は，光の干渉現象とは，重ね合わされた波動の強度を観測するという非線形性を伴う行為の結果として観測される現象であって，波動どうしの直接的な相互作用を意味するものではない，と文献4) において指摘している。

また，このような信号のコヒーレンスに着目した考え方は，光の分野ではきわめて広範に用いられているが，近年では無線の分野でも活用されている[5],[6]。無線通信において，複数の地点から可干渉性のある電波を「タイミングを見計らって」発射する。具体的には，受信地点にて，これらの信号を「同時に」受けることができるようにする。このとき，受信器の出力信号は，コヒーレントな場合と同様に $(A+B)^2$ の形となる（送信源が2個の場合）。ここで，$(A+B)^2$ という形の「計算」は単に電波の観測で実現されていることに注意されたい。すなわち，物理的に計算が行われている。連合学習と呼ばれる機械学習をこのようなコヒーレンスを用いて実現する研究があり，**空中計算** (over-the-air computation : AirComp) と呼ばれている[5]~[7]。

1.2.5　量子性と偏光

本項では，たった1個のフォトン——**単一光子** (single photon)——を切り口に，光の量子性の初歩を学ぶ。

その準備として光の**偏光** (polarization) を定義する。**図 1.4**(a) (ii), (iii) のように，面内で横方向を「水平」，縦方向を「垂直」とする。水平方向に振動する光を「水平偏光」，縦方向に振動する光を「垂直偏光」と呼ぶ（面内に垂直な振動成分は存在しない。なぜなら，もしそのような縦波が存在すれば，光の速さが光速 c より大きくなったり，小さくなったりしてしまい，特殊相対性理論に反するからである（1.2.1 項参照））。

つぎに，**偏光ビームスプリッタ** (polarization beam splitter : PBS) を導入する。PBS はいわば「光を分ける」デバイスで，図 1.4(b) の左方から PBS に入射した光は，透過して右方の光検出器1に向かう光と，反射して下方の光検出器2に向かう光に分かれる。ただし，光が進行する方向は偏光に応じて異な

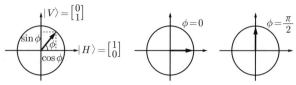

(i)　直線偏光の単一光子　　(ii)　水平偏光　　(iii)　垂直偏光

(a)　偏光の定義

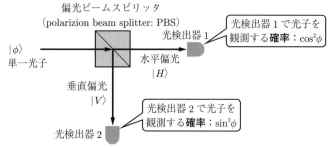

(b)　偏光ビームスプリッタによる単一光子の分離と検出

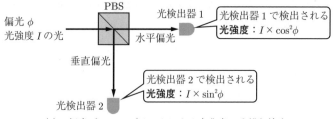

(c)　偏光ビームスプリッタによる古典光の分離と検出

図 1.4　単一光子と偏光ビームスプリッタ

り，完全な水平偏光は直進し，完全な垂直偏光は反射する。

　さて，いま，図 1.4(a) (i) に示すように，入射する光子が水平に対して ϕ だけ傾いた直線偏光を有する単一光子であったとする。入射する光が「単一光子」であるので，光をこれ以上細かく分けることはできない。この状況では，**単一光子は，確率 $\cos^2 \phi$ で光検出器 1 で検出され，確率 $\sin^2 \phi$ で光検出器 2 で検出される**。$\phi = 0$ であれば完全な水平偏光であるので，確率 1 で光検出器 1 で検出され，$\phi = \pi/2$ であれば完全な垂直偏光であるので，確率 1 で光検出器 2 で検出される。$\phi = \pi/4$ のときは，光検出器 1 と光検出器 2 で検出される確率はそれぞれ 1/2 となる。

このように，入射する単一光子の偏光に依存して光検出器で検出される確率が異なる。このことは，量子力学の知見を用いてより正確に捉えることができる。入射する単一光子の偏光状態を

$$\begin{pmatrix} \cos\phi \\ \sin\phi \end{pmatrix} = \cos\phi \begin{pmatrix} 1 \\ 0 \end{pmatrix} + \sin\phi \begin{pmatrix} 0 \\ 1 \end{pmatrix} \tag{1.2}$$

としたとき，水平偏光 $|H\rangle = (\ 1\quad 0\ )^T$ に対応した係数 $\cos\phi$ を水平偏光に対応する**確率振幅**（probability amplitude），垂直偏光 $|V\rangle = (\ 0\quad 1\ )^T$ に対応した係数 $\sin\phi$ を垂直偏光に対する確率振幅と呼び，**確率振幅の 2 乗，すなわち $\cos^2\phi$ および $\sin^2\phi$ をそれぞれに対応した事象を観測する確率とする**のが量子力学である。ここで $|H\rangle$, $|V\rangle$ は，おのおの水平偏光および垂直偏光の単一光子の量子状態を表す単位ベクトルである。実際，$\cos^2\phi + \sin^2\phi = 1$ であるので，確率振幅 $\cos\phi$, $\sin\phi$ は確率の要件を満たしている。逆に，光がいずれかの光検出器で観測されるまでは，単一光子がどこに存在するかをいい当てることはできず，光は非局所的に空間に満ちているといえる（図 1.4(b) 参照）。

これに対し，図 1.4(c) に示すように，入力となる光が水平に対して ϕ 傾いた直線偏光で，光強度が I である古典光の場合を考える。このとき，光検出器 1，光検出器 2 の双方において必ず光は検出され，その光強度はおのおの $I \times \cos^2\phi$，$I \times \sin^2\phi$ となり，単一光子検出において明確であった確率的性質は表れない。

このような光の量子的性質ならびに古典的性質の著しい違いは，現代の光コンピューティングの研究分野においては，例えば単一光子を用いた意思決定（3.4.1 項参照）などで生かされている。

1.2.6 次元，自由度，多重化

光の特徴の一つは，それに付随した**次元**（dimension）の多さである。それぞれの次元の各自由度に情報をひも付け，情報の**多重化**（multiplexing）を実現することは他の物理系では簡単ではなく，光が有する大きな特徴の一つである。**図 1.5** に光に付随した代表的な次元をイラストによって示した。以下，お

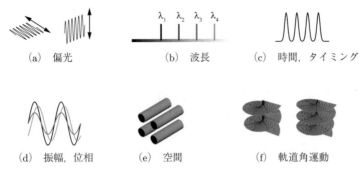

(a) 偏光　　　　(b) 波長　　　(c) 時間, タイミング

(d) 振幅, 位相　(e) 空間　　(f) 軌道角運動

図 1.5　光に付随した代表的な次元

のおのを簡単に解説する。

〔**1**〕　**偏光**

1.2.5 項で論じた「水平偏光」「垂直偏光」という直交した偏光状態と情報を紐付けることができる。例えば，水平偏光と垂直偏光の光を別の信号で変調し，同一の光ファイバで伝送する**偏波多重**（polarization division multiplexing）が可能である。

なお，偏光を取り扱う上で重要なデバイスに，**偏光子**（polarizer）と**波長板**（waveplate）がある。偏光子は特定の偏光方向の光のみを透過させるデバイスであり，波長板の一つである**半波長板**（$\lambda/2$ 波長板，half-wave plate）は，入射する直線偏光の偏光方向を適当な角度だけ回転させて出力するデバイスである。半波長板の振舞いは重要であるので，ここで整理しておく。

半波長板には，光学軸と呼ばれる基準軸が設定されており，半波長板はこの基準軸に対して入射光の偏光を折り返す機能を有する（**図 1.6** 参照）。入射光の偏光が θ_{in}，光学軸が θ_{HW} であるとき，出射光の偏光 θ_{out} は

$$\theta_{\mathrm{out}} = \theta_{\mathrm{in}} + 2 \times (\theta_{\mathrm{HW}} - \theta_{\mathrm{in}})$$
$$= 2\theta_{\mathrm{HW}} - \theta_{\mathrm{in}} \tag{1.3}$$

となる。

〔**2**〕　**波長**

波長（wavelength）は光が 1 周期の間に進行する長さであり，光の色にも相

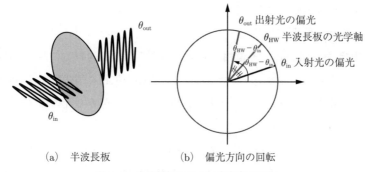

(a) 半波長板 (b) 偏光方向の回転

図 **1.6** 半波長板による偏光方向の回転

当する。異なる色の光に対して異なる情報をひも付けることができる。

　例えば，異なる波長の光を別々の信号で変調し，これを同一の光ファイバで伝送する**波長多重**（wavelength division multiplexing：WDM）が可能である。**図 1.7**(a) は，波長の数が 4 個の場合の情報送信側の構成を示している。光を合流させる「合波器」によって，異なる波長からなる 4 個の信号源が一つにまとめられている。

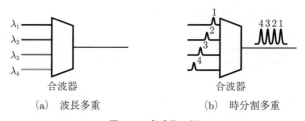

(a) 波長多重 (b) 時分割多重

図 **1.7** 多重化の例

〔**3**〕 **時間，タイミング**

　光は短い時間の間だけ発振する短パルス状の形状にすることができ，そのパルスのタイミングに情報を持たせることができる。

　例えば，タイミングをずらして複数のチャネルからの信号を束ねる多重化は，**時分割多重**（time division multiplexing：TDM）と呼ばれる。図 1.7(b) は，4 個の異なる信号がタイミングをずらしながら合流し，単一のチャネル（例えば単一の光ファイバ）で輸送される様子を示している。この場合，4 個の信号

源の波長は異なる必要はない。

〔**4**〕　**振幅，位相**

光の**振幅**（amplitude）や**位相**（phase）を情報と結び付けることは，光通信において最も基本的内容の一つである。光の振幅や位相を情報に従って変化させることを**変調**（modulation）と呼び，変調された信号から元の信号を復元することを**復調**（demodulation）と呼ぶ。

周波数 ω_0 で振動する振幅 A_0，位相 ϕ_0 の光を $A_0 \cos(\omega_0 t + \phi_0)$ と表現したとき，振幅を時可変の信号 $A(t)$ とすることを**振幅変調**（amplitude modulation）と呼び，位相を時可変の信号 $\Phi(t)$ とすることを**位相変調**（phase modulation）と呼ぶ。変調を実現するデバイスは**変調器**（modulator）と呼ばれ，特に位相変調を実現するデバイスは用途に応じて**位相器**（phase shifter）や**位相シフタ**と呼ばれる。

いま，振幅変調と位相変調が同時に行われ，光が

$$E(t) = A(t) \cos\left[\omega_0 t + \Phi(t)\right] \tag{1.4}$$

で与えられるとすると，式 (1.4) は

$$E(t) = \underbrace{A(t)\cos\Phi(t)}_{A_I(t)}\cos\omega_0 t - \underbrace{A(t)\sin\Phi(t)}_{A_Q(t)}\sin\omega_0 t \tag{1.5}$$

と変形できる。ここで，搬送周波数 ω_0 で振動する成分 $\cos\omega_0 t$ に比例する成分と，$\cos\omega_0 t$ に対して位相が $\pi/2$ 進んだ $\sin\omega_0 t$ に比例する成分を，おのおの $A_I(t)$，$A_Q(t)$ と書くことにする。

このとき，$A_I(t)$ は搬送周波数 ω_0，初期位相 0 で複素平面を回転する複素数 $\exp(i\omega_0 t)$ の実数成分 $\mathrm{Re}[\exp(i\omega_0 t)] = \cos\omega_0 t$ と同じ位相を持つことから，実軸に沿った In-phase 成分（I 成分）と呼ばれ，$A_Q(t)$ は搬送周波数成分の実数成分に対して直交する $\sin\omega_0 t$ と同じ位相を持つことから，虚軸に沿った Quadrature 成分（Q 成分）と呼ばれる（**図 1.8**(a) 参照）。

変調方式で用いる状態を点で表したグラフを**コンスタレーション**（constellation）と呼ぶ。例えば，いま，最もシンプルな変調方式として，I 成分に対して，

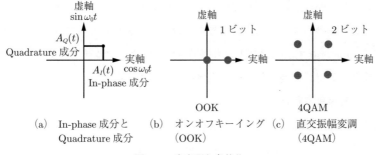

(a) In-phase 成分と　(b) オンオフキーイング　(c) 直交振幅変調
　　Quadrature 成分　　　　（OOK）　　　　　　　（4QAM）

図 1.8 光変調と多値化

振幅が 1 と 0 の 2 個の状態をとる**オンオフキーイング**（on-off-keying：OOK）では，コンスタレーションは図 1.8(b) のようになる。一度の変調で 0 か 1 かの 1 ビットを伝送することができる。

これに対して，I 成分に加えて Q 成分に対しても 2 通りの状態をとることができれば，コンスタレーションは図 1.8(c) のようになり，合計 4 個の状態をとることができる。この場合，I 成分で 1 ビット，Q 成分で 1 ビットを担わせることができるので，一度の信号伝達で 2 ビットを伝送することができる。すなわち，変調方式を工夫することで一度により多くの情報を伝送できることになり，これを**多値変調**（multi-level modulation）と呼ぶ。なお，図 1.8(c) の方式は**直交振幅変調**（quadrature amplitude modulation：QAM）と呼ばれ，この例では 4 個の状態をとることができるので，4QAM と呼ばれる。多値変調は情報伝送容量拡大のための有力な手段の一つであり，近年では状態数が 1 万を超えるきわめて多値レベルの高い QAM が研究されている。文献8) では，4 294 967 296 QAM（32 ビット，状態数約 42 億個）という超高次といえる QAM が示されている。

〔5〕 空間

空間（space）内の位置を情報とひも付けることについては，1.2.3 項においてさまざまな空間位置への情報の集約や分配，結像などの例を示した。空間的に情報を多重化する方式は**空間多重**（space division multiplexing）と呼ばれる。**光ファイバ**（optical fiber）は，後述の 1.3.3 項に示すように，コアをク

ラッドが取り囲む構造を有している。一つのクラッドのなかに複数のコアを配置し，おのおののコアに別々の信号を伝達できるようにした**マルチコア光ファイバ**（multi-core fiber：MCF）も開発されている。マルチコア光ファイバは，空間多重を活用した情報伝達の代表例の一つである。

〔6〕 軌道角運動量

光には**軌道角運動量**（orbital angular momentum：OAM）と呼ばれる次元が存在する。これは，電磁場の振動の位相の回転に由来している。光の平面波は等位相の面が波長間隔で表れるが，等位相の面を1波長の間に螺旋階段のように周回させることを考える。そうすると

- 右回りの螺旋で1周して1波長進む光（$l = +1$）
- 右回りの螺旋で2周して1波長進む光（$l = +2$）
- 左回りの螺旋で1周して1波長進む光（$l = -1$）
- 左回りの螺旋で2周して1波長進む光（$l = -2$）

など，さまざまな渦巻状の等位相面を考えることができる。軌道角運動量は，渦巻きの方向を符合とした回転数（整数）l に対して，$l\hbar$ によって与えられる。ここで，$\hbar$ はプランク定数を 2π で割った値である。軌道角運動量を持たない光は $l = 0$ となる。**図1.9**に，$l = -1, 0, +1, +2$ における等位相面のスナップショットを示す。

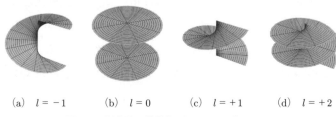

(a) $l = -1$　　(b) $l = 0$　　(c) $l = +1$　　(d) $l = +2$

図1.9 渦巻状の等位相面のスナップショット

軌道角運動量は偏光には依存せず，また偏光には2個の自由度しかなかったが，軌道角運動量は理論的に無限個の自由度を持つことができる。そのため，通信の多重化など情報分野においても注目されており[9]，光コンピューティング

においても意思決定の選択肢と対応付けたシステムが提案されている[10]。

軌道角運動量は，Allen らが光において 1992 年に見いだした[11),12]。その後，X 線[13]，電子[14] などでも見いだされ，現在では無線通信での応用[15] も進められている。

1.3 光コンピューティングを見据えた光デバイス概観

1.3.1 レーザ

〔1〕 光コンピューティングにおけるレーザ

「まえがき」でも述べたように，フォトニクスはすでに現代社会の基盤となっているが，特に光源として使用されるレーザは光通信における基幹デバイスであり，決定的に重要な役割を果たしている。また，レーザは光コンピューティングを始めとして，広く光科学や関連分野の研究開発において不可欠な技術基盤でもある。今日ではレーザはきわめて安定的に動作するモジュールとして確立しており，ユーザはその動作原理まで立ち返って理解せずとも使いこなすことができる。

しかしながら，現代の光コンピューティングの研究では，時としてレーザの動作原理を直接に利活用するケースがあり，特にレーザカオスと呼ばれる複雑な現象の応用研究ではレーザの基礎を押さえておくことは重要である。他方で，繰返しになるが，初学者がレーザに関するきわめて詳細な事項を最初から知っておく必要はないのも事実である。そこで本項では，レーザに関するきわめて基本的な事項のみを押さえ，その上で，レーザカオスという特徴ある現象の理解につなげる。

〔2〕 誘導放出

まず，**レーザ**とは英語で laser と書き，light amplification by stimulated emission of radiation の頭文字をとったものであり，**放射の誘導放出による光増幅**の略称である。すなわち，「光増幅」という「現象」が本来の意味であるが，今日では，「放射の誘導放出による光増幅という現象を用いて光を発生させるデ

バイスやシステムそのもの」をレーザと呼ぶ慣習になっている。

　レーザでは，**誘導放出**（stimulated emission）が中心的概念の一つだが，これを理解するにはいくつかの準備が必要になる。

　まず，量子力学によると，原子は任意のエネルギーをとることができず，とびとびのエネルギー状態しかとることができない。最も低いエネルギーの状態を**基底状態**（ground state）と呼び，それよりも高いエネルギー状態を**励起状態**（excited state）と呼ぶ。

　電子が励起状態，すなわち高いエネルギー準位 E_1 に存在し，エネルギー準位 E_0 の基底準位が空いていると，E_1 の電子は自発的に E_0 に遷移し，$E_1 - E_0$ に相当するエネルギーを持つ光子を放出する。これは**自然放出**（spontaneous emission）と呼ばれる（**図 1.10**(a) 参照）。このとき，放出される光子のエネルギーは

$$h\nu = E_1 - E_0 \tag{1.6}$$

で与えられる。h はプランク定数（Planck's constant）6.626×10^{-34} J·s である。

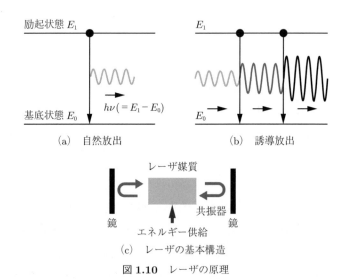

(a)　自然放出　　　　　　(b)　誘導放出

(c)　レーザの基本構造
図 1.10　レーザの原理

つぎに，電子が E_1 準位に存在している原子に対して，式 (1.6) で与えられるエネルギーを有する光子が入射すると，この光子の入射をトリガとして励起状態の電子は基底状態に遷移し，光子が 1 個新たに放出される。すなわち，**1 個の入射光子から，2 個の光子が出力**されることになる。

入射光子をきっかけに新たな光子放出が実現していることから，この現象は**誘導放出**と呼ばれている（図 1.10(b) 参照）。

励起状態に電子を有する原子が多数あれば，誘導放出がつぎつぎに雪崩のように生じ，同じエネルギーで同じ位相の光子がつぎつぎに生じることになる。まさに「放射の誘導放出による光増幅」が実現する。

〔3〕　レーザの基本構造

実際のレーザでは，上記のような増幅の構造を実現するために 3 個の要素が必要である。第 1 は電子を励起状態に励起するための外部からの**エネルギー供給系**（energy supply system），第 2 は誘導放出の舞台となる物質（**レーザ媒質**（laser medium）），第 3 は誘導放出をつぎつぎと生じさせるための**共振器**（resonator），すなわち対向する鏡によって光を一定程度閉じ込める構造，である（図 1.10(c) 参照）。

実際のレーザには，気体レーザ，色素レーザ，固体レーザ，ファイバレーザ，半導体レーザなど多様な実現形態があるが，光コンピューティングの研究で主に使用されるのは**半導体レーザ**（semiconductor laser）である。半導体レーザでは，外部の電源からの電流注入によってエネルギー供給を実現し，レーザ媒質は半導体によって実現される。

共振器に関しては，構成方法の観点からつぎのように分類される。

- レーザ媒質の端面を鏡として用いる構成（ファブリペロー共振器）
- 回折格子を導入して，特定の波長で反射が生じるように構成した分布帰還型の構成：**DFB レーザ**（distributed feedback laser）
- 周期的多層膜を鏡として活用して，半導体の面内垂直方向への発光を可能とした構成：**面発光レーザ**（vertical cavity surface emitting laser：VCSEL）

　特に，VCSEL は空間的に並列かつ高密度に光源を配置することを可能として
おり，光の並列性（1.2.3 項参照）と密接な関わりがある。実際，光コンピュー
ティングの研究分野においても，チップ間光インターコネクション[16] やニュー
ラルネットワークの研究[17] に活用されている。

　レーザについては優れた文献が多数あり，必要に応じてそれらで詳細を学ぶ
のが良い[18),19]。

1.3.2　レーザカオス

　レーザにおける光の増幅は，すでに見たように誘導放出に起因している。そ
のためにレーザは指向性に優れ，時間的にも空間的にもコヒーレンスが高く，
安定して動作し，また共振器によって特定の周波数での発振を可能とすること
から，単色性が高いという特徴を備えている。これらの性質は，太陽光やラン
プなどの光源にはまったく備わっておらず，人工的なメカニズムによって人類
が初めて手にした光源といえる[18]。

　半導体レーザは現代の情報通信の基盤として広く用いられているが，一点，
弱点がある。それは，自分自身が出した光が自分自身のところに戻ってくると
（このような光を**戻り光**（optical feedback）と呼ぶ（**図 1.11**(a) 参照）），発振
が不安定になるという現象である[20]。そのために，通常の半導体レーザには，
外からの光が入らないように**光アイソレータ**（optical isolator）などが設置さ

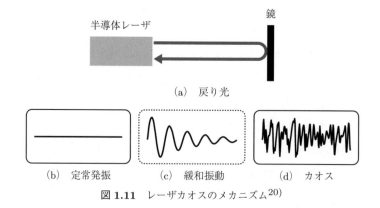

(a)　戻り光

(b)　定常発振　　　(c)　緩和振動　　　(d)　カオス

図 1.11　レーザカオスのメカニズム[20]

れている。光アイソレータとはデバイスを孤立（isolation）させる機能を持ち，**光デバイスからの一方向の信号伝達**を可能にする（1.3.6 項参照）。

なぜ，戻り光があると発振が不安定化するのだろうか？

戻り光がなければ，半導体レーザは定常的に安定して発振する（**定常発振**（steady oscillation）（図 1.11(b) 参照））。ここに戻り光が入ったとする。そうすると，この戻り光によって誘導放出が生じ，定常状態よりも大きな光が出ていくことになる。これに伴い，励起準位にある電子の多くが基底準位に遷移し——励起準位にある電子が消費され——，光出力に寄与できる励起準位の電子が枯渇し，光はやがて減少する。とはいえ，エネルギー供給源から電子が補給されるので，やがて出力光は安定化していく。これは**緩和振動**（relaxation oscillation）と呼ばれる（図 1.11(c) 参照）。

ところが，安定化しようとしていた矢先に，さきほど出力された大きな光が戻り光として入ってくるため，再び誘導放出が促進されて出力光量に変化が生じる。このような具合で，戻り光が適当な割合で供給された場合には，レーザ発振が不安定化し，**カオス**（chaos）と呼ばれる乱雑な状態に達する（図 1.11(d) 参照）。

これが時間遅延を基にした**レーザカオス**（laser chaos）と呼ばれる現象の概略である。**出力が時間遅延を介して戻されることと，レーザ発振そのものの非線形性**が鍵になっており，そのメカニズムは Lang-Kobayashi 方程式というモデル理論によって理解されている[20]。

このような不安定化は，レーザの安定的な利用という視点からは回避されなければならないが，情報やコンピューティングの観点では，有用な資源になることが近年の研究でわかってきている。すなわち，不安定化を逆に積極的に生かし，光カオスを応用した超高速な**物理乱数生成**（phisical random number generation）[21],[22] や**カオス秘匿通信**（chaotic secret communication）[23],[24]，**カオスライダ**（chaotic lidar）[25],[26]，**光リザーバコンピューティング**（optical reservoir computing, 3.2 節参照），**光を用いた意思決定**（decision making using photons, 3.4 節参照）などの新たな可能性が開拓されている。

　レーザカオスについても優れた文献があるので，必要に応じてそれらで詳細を学ぶのが良い[20]。以下では，重要な基礎の一つである Lang-Kobayashi 方程式を概説する。詳細は文献20) などを参照されたい。

　Lang-Kobayashi 方程式は，レーザにおける電場 $E(t)$ とキャリヤ密度 $N(t)$ に関するレート方程式として，**図 1.12** に記載の 2 個の微分方程式からなる。レート方程式とは，現象における変化を捉えるモデルである。ここでは変数の詳細には立ち入らず，全体のメカニズムを捉えることを優先する。

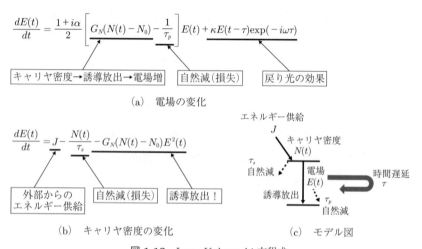

(a)　電場の変化

(b)　キャリヤ密度の変化　　　　(c)　モデル図

図 1.12　Lang-Kobayashi 方程式

まず，電場の変化だが
- 右辺第 1 項はキャリヤ密度が誘導放出に関わり，これが電場の変化を生み出すことを意味している。
- 右辺第 2 項は電場の自然減を表す。
- 右辺第 3 項は τ だけ時間遅延した電場が，現在の電場に係数 κ で結合していることを意味している。これが時間遅延の効果を決めている。

一方，キャリヤ密度の変化に関しては
- 右辺第 1 項は外部からのエネルギー供給を表す。
- 右辺第 2 項はキャリヤ密度の自然減を表す。

- 右辺第 3 項は誘導放出に伴うキャリヤ密度の変化を表す。

これらを連立して解くことで，電場およびキャリヤ密度の時間発展を得ることができる。電場は実際には (1) 電場振幅と位相，(2) 電場の実部成分と虚部成分のように 2 成分からなるため，3 個の連立微分方程式となる。

以上のように，Lang-Kobayashi 方程式は物理的に明解な意味を有したモデル理論であり，光コンピューティング分野でも広く活用されている。

図 1.13 に，Lang Kobayashi 方程式によって計算された，戻り光の量に応じた発振状態の変化を示す。概略として，戻り光の量が 0.006 までは定常的発振，0.007 から 0.009 では周期的発振，0.01 では疑似周期的発振，0.02 から 0.1 まではカオス的発振，0.2 以降は再び周期的発振となっている。戻り光の量に応じて異なる応答を示すことがわかる。

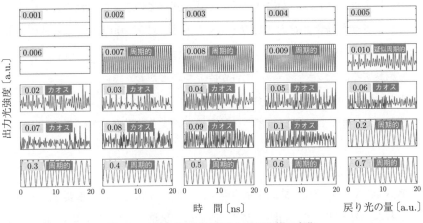

図 1.13　戻り光の量に応じた発振状態の変化

1.3.3　光ファイバ

ファイバとは「繊維」を意味するので，**光ファイバ**には「光の繊維」，光を導く糸のようなものというニュアンスがある。典型的には，屈折率の高い「コア」と呼ばれる中心部を屈折率の低い「クラッド」と呼ばれる周辺部が包み込む構造を有しており，両者の屈折率差により光が閉じ込められる（**図 1.14** 参照）。このように光を閉じ込めて，狙った場所にまで実際にファイバを張り巡らせ，

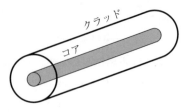

図 1.14　光ファイバ

光を届けるというのが光ファイバの著しい特徴だが，光ファイバがいかに「透明」であるかも見逃せない。

　現在の光通信で最もよく用いられている波長 1.55 µm に対応した光ファイバでは，エネルギーの伝達効率はおよそ 0.2 dB/km，つまり 1 km 伝搬して 0.2 dB（デシベル）しか減衰しない。1 km で 95 % の光が伝わる。このような光ファイバの低損失性，いわばいかに「透明」で透き通っているかは，地表の大気中で光を伝搬させた場合と対比させるとよくわかる。波長 300 µm の電磁波の地表面，大気中での伝搬損失は 7×10^2 dB/km である。すなわち，1 km で $1/10^{70}$ にも減衰する。光ファイバの透明性が際立つことがわかる。

　また，1.2.3 項で述べた並列性と掛け合わせ，複数のコアを同一のクラッド内に配置したマルチコア光ファイバの技術開発も大きく進展している。

1.3.4　光回路

　デバイスやシステムの構成を示す際に，一般に「回路図」は重要な手段の一つである。例えば，電気回路や電子回路では「抵抗」「コンデンサ」「キャパシタ」「トランジスタ」などの基本構成要素を配線によって接続し，全体の構成を記述する。光においても，「光源」「光検出器」「ミラー（鏡）」などの構成要素の間を，光の伝搬経路を介して結線することで相互の関係を規定し，全体の構成を記述することができる。このような回路は「光回路」と呼ばれることもある。「電気回路」「電子回路」「光回路」は，構成要素とその間を接続するという基本構造においては同様な仕組みに基づいている。

　図 1.15 は光回路の一例を示している。ここではこの光回路の動作の詳細は

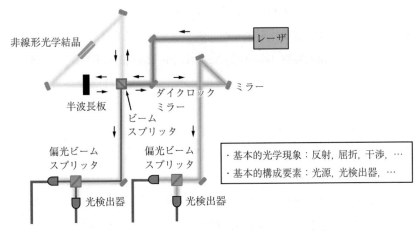

図 1.15　光回路の一例。光源，光検出器などの基本的構
成要素がそれらの間の光伝搬経路で接続される。

述べないが，右上のレーザ（1.3.1 項参照）から出射した光が矢印に沿って伝搬
し，最終的には光検出器に至る様子が描かれている。このように，光の伝搬経
路を追いかけることで，光回路が有している基本的特徴や機能を理解すること
ができる。

　実は，図 1.15 の光回路はもつれ光子（エンタングルドフォトン）の実験装置
であり，光を用いた協調的意思決定システム（3.4.4 項参照）に用いられる。ミ
ラーでの光の反射や屈折などは中学や高校などでも学ぶ基本的な光学現象だが，
それらの基礎的な光学現象が，光の伝搬経路を表す直線で簡潔に示されている。

　なお，電気回路と光回路の大きな違いの一つとして，光回路では**アース線が不
要**という特徴がある[4]。電気回路における信号の受信点では電位の変化を検出
するので，基準電位を伝えるためのアース線が不可欠である。これに対し，光
回路では電位 0 に相当するのは「光が存在しない状態」であり，基準電位を共
有するためのアース線を特別に引き回す必要がない[4]。

　また，電気配線では，配線間の相互インダクタンスを介した電磁誘導により，
信号が相互に干渉し合うという問題がある。この影響は配線間の距離が小さく，
信号変化が高速になるほど顕著になる傾向にある。これに対して，伝搬する光

では，これを交差させても相互に影響を与えることはない。さらに，電気配線では，線路からの電磁波の放射雑音が問題となるが，光ではそのような問題は生じない。これを**電波障害**（electromagnetic interference：EMI）を引き起こさないという[4]。

1.3.5 ビームスプリッタ，光カップラ

ビームスプリッタ（beam splitter）は光を分割する素子であり，光コンピューティングにおいても基盤的な役割を担う。

いま，**図 1.16**(a) において左方より入力光 IN_1，上方より入力光 IN_2 がビームスプリッタに入射し，右方に出力光 OUT_1，下方に出力光 OUT_2 が得られたとする。

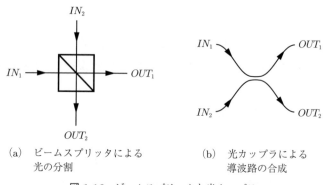

(a) ビームスプリッタによる　　　　(b) 光カップラによる
　　光の分割　　　　　　　　　　　　導波路の合成

図 1.16 ビームスプリッタと光カップラ

このとき，ビームスプリッタを直進（透過）する光の割合（透過率）を t，ビームスプリッタで反射する光の割合を r とする。また，IN_1 が反射して OUT_2 に至るときは，ビームスプリッタにおいて位相シフト θ_1 が伴い，また IN_2 が反射して OUT_1 に至るときは，ビームスプリッタにおいて位相シフト θ_2 が伴うとする。

このとき，入力と出力の関係は

$$\begin{pmatrix} OUT_1 \\ OUT_2 \end{pmatrix} = \underbrace{\begin{pmatrix} t & re^{i\theta_2} \\ re^{i\theta_1} & t \end{pmatrix}}_{B} \begin{pmatrix} IN_1 \\ IN_2 \end{pmatrix} \tag{1.7}$$

となる。

　ここで，ビームスプリッタにおけるエネルギーの損失がないとすると，$|IN_1|^2 + |IN_2|^2 = |OUT_1|^2 + |OUT_2|^2$ が成り立たなければならない。これは，式 (1.7) における行列 B がユニタリ行列，すなわち B^*B が単位行列となることを意味する。ここで，B^* は B の共役転置行列を表す。このことから

$$B^*B = \begin{pmatrix} r^2 + t^2 & rt(e^{-i\theta_1} + e^{i\theta_2}) \\ rt(e^{i\theta_1} + e^{-i\theta_2}) & r^2 + t^2 \end{pmatrix} = \begin{pmatrix} 1 & 0 \\ 0 & 1 \end{pmatrix} \tag{1.8}$$

であり，式 (1.8) の (1,1)，(2,2) 要素より

$$r^2 + t^2 = 1 \tag{1.9}$$

となり，同様に (1,2)，(2,1) 要素より

$$e^{i\theta_2} + e^{-i\theta_1} = 2e^{i\frac{\theta_2 - \theta_1}{2}} \cos\left(\frac{\theta_1 + \theta_2}{2}\right) = 0 \tag{1.10}$$

となる。

　通常のビームスプリッタではエネルギーを等分配するため，式 (1.9) より $r = t = 1/\sqrt{2}$ となる。また，式 (1.10) より $\theta_1 + \theta_2 = \pi$ とわかる。「対称」ビームスプリッタでは，$\theta_1 = \theta_2 = \pi/2$ と特徴付けられる。

　これらを総合すると，対称ビームスプリッタを特徴付ける行列 B は

$$B = \frac{1}{\sqrt{2}} \begin{pmatrix} 1 & i \\ i & 1 \end{pmatrix} \tag{1.11}$$

となる。

　導波路を合成する**光カップラ** (optical coupler) における入出力関係も，式 (1.11) と同様に特徴付けられる。ただし，入力光 IN_1，IN_2，出力光 OUT_1，OUT_2 の配置は，図 1.16(b) のように規定される。

光カップラと位相シフタを駆使した行列ベクトル演算については，3.1.2 項で議論する。

1.3.6　光アイソレータ，光サーキュレータ

〔1〕　光アイソレータ

レーザは戻り光によって不安定化し，カオスを引き起こすことについては 1.3.2 項ですでに述べた。カオスを積極的に利活用する応用やレーザどうしの相互作用を生かす応用以外では，戻り光を排除するための措置が不可欠であり，具体的には 1.3.2 項で触れた**光アイソレータ**がしばしば用いられる。

光アイソレータは，光回路図上では**図 1.17**(a) のように矢印で表され，この場合，「ポート 1」から「ポート 2」への光伝搬は実現するが，「ポート 2」から「ポート 1」への光伝搬は実現しない。

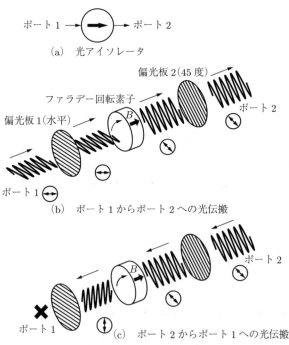

ポート 1 ──→ ⬤ ──→ ポート 2

(a)　光アイソレータ

偏光板 2(45 度)

ファラデー回転素子

偏光板 1(水平)

ポート 2

ポート 1

(b)　ポート 1 からポート 2 への光伝搬

ポート 2

ポート 1

(c)　ポート 2 からポート 1 への光伝搬

図 1.17　光アイソレータの原理。B は磁束密度を表す。

光アイソレータは，磁場によって光の偏光が回転する**ファラデー効果**（Faraday effect）に基づいている。図 1.17(b) でポート 1 から入射した光は，偏光板 1 によって水平偏光のみが透過したあと，ファラデー回転素子に入射する。この例ではファラデー回転素子を通過すると，偏光が時計回りに 45 度回転する。その後，偏光板 2——45 度方向の光のみを透過させる——を通過し，ポート 2 からの出力光となる。

逆に，ポート 2 から 45 度偏光の光が入射した状況を考える（図 1.17(c) 参照）。入射した光は偏光板 2 を通過し，ファラデー回転素子に到達する。このとき，磁場に対して図 1.17(b) とは逆方向に光が伝達するため，光の進行方向に対して反時計回りに 45 度偏光が回転し，ファラデー回転素子通過後の偏光状態は垂直偏光となる。これは**非相反性**（nonreciprocity）と呼ばれる。そのために，水平偏光のみを透過させる第 1 の偏光板を通過することができない。すなわち，ポート 2 からポート 1 への光伝搬が許されないことになる。このようにして，ポート 1 からポート 2 への一方向の光伝搬が実現する。

〔2〕 光サーキュレータ

光コンピューティングシステムにおいて，「ポート 1」からの光は「ポート 2」へ出力するが，「ポート 2」からの光は「ポート 3」へ出力させたい，という局面がしばしば生じる。この状況に対応するのが**光サーキュレータ**（optical circulator）である。光サーキュレータは，光回路図では**図 1.18**(a) のように回転状の矢印で表現される。

まずは，このような光サーキュレータという基本素子の存在と，その機能を理解することが最初のステップである。

光サーキュレータの動作原理は明解だが，その内部構造はやや複雑である。図 1.18(b) に示すように，光サーキュレータは複屈折結晶，半波長板，ファラデー回転素子といった多数の要素を組み合わせて構成される。ここでは

- ポート 1 からポート 2 への光伝搬が実現されること

と，同じポート 2 から入力される光について

- ポート 2 から（ポート 1 ではなく）ポート 3 への光伝搬が実現されること

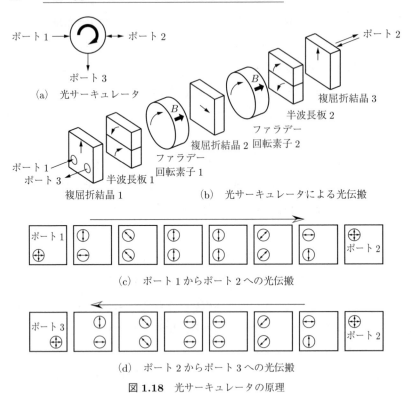

(a) 光サーキュレータ

(b) 光サーキュレータによる光伝搬

(c) ポート 1 からポート 2 への光伝搬

(d) ポート 2 からポート 3 への光伝搬

図 1.18 光サーキュレータの原理

を簡潔に示す[27]。

[ポート 1 からポート 2 への光伝搬]

まず，ポート 1 からポート 2 への光伝搬を追いかける（図 1.18(c) 参照）。

1. 図 1.18(b) に示すように，ポート 1 の光は複屈折結晶 1 の左下部に入射する。**複屈折性**（birefringence）とは，偏光方向によって異なる屈折率を有する性質で，複屈折結晶 1 は，垂直偏光の光を空間的に上方にシフトさせるものとする。一方，水平偏光の光は直進する。

2. その後，半波長板 1（1.2.6 項参照）に入射する。ここでは，偏光が上半分は反時計回りに 45 度回転，下半分は時計回りに 45 度回転する。

3. その後，ファラデー回転素子 1 によって偏光が時計回りに 45 度回転する。この結果，偏光状態は上側・下側とも垂直偏光となる。

4. つぎに，複屈折結晶 2 によって水平偏光は右方に空間シフトされるが，ここでは垂直偏光のみであるので，光は直進する。

5. つぎに，ファラデー回転素子 2 に入射し，偏光が時計回りに 45 度回転する。

6. その後，半波長板 2 に入射し，偏光が上側は時計回りに 45 度回転，下側は反時計回りに 45 度回転する。この結果，上側は水平偏光，下側は垂直偏光となる。

7. 最後に，複屈折結晶 3 に入射し，垂直偏光成分が上方にシフトする。

これらにより，ポート 2 にポート 1 からの水平および垂直偏光成分が到達する。

［ポート 2 からポート 3 への光伝搬］

ポート 2 に水平および垂直偏光が入射したときの光伝搬も同様にトラックできる。ここではトラッキングの詳細は割愛するが，基本は上記の ［ポート 1 からポート 2 への光伝搬］ にならってトラックすればよい。ここで注意すべきは，ファラデー回転素子 1, 2 における**偏光の回転方向が逆**になるため，複屈折結晶 2 において**水平方向へのシフト**が機能することである。

この結果，ポート 1 から右方にシフトした位置に水平および垂直偏光成分が得られる。すなわち，ポート 2 からの入射光は，ポート 1 とは異なる位置にあるポート 3 に到達する。以上より，光サーキュレータの機能が実現された。

1.3.7 回折，ホログラム
〔1〕 回折

光は波としての性質を持つため，障害物などによって遮られても，その障害物の背後の領域に対して回り込む。これを光の**回折**（diffraction）と呼ぶ[28]。例えば，**図 1.19**(a) では左方から光が 2 個のスリットからなる物体に照射されているが，スリットを通過した光は回折し，スリットの背後に対しても広がる。2 個のスリットからの回折光が干渉し，スリットから適度に離れたスクリーン上

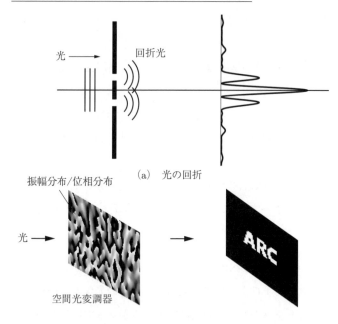

(a)　光の回折

(b)　計算機ホログラム

図 **1.19**　光の回折現象と計算機ホログラム

では，図 1.19(a) の右のような干渉縞が生じる。なお，ここではスリットに入射する光は空間的なコヒーレンスがある，すなわち，2 個のスリットを通過する光に可干渉性があることを前提としている（1.2.4 項参照）。このように，光には空間中を広がる性質があり，レンズによって光を集光する場合にも（1.2.3 項参照），およそ光の波長よりも小さな寸法の領域に光を集めることができない。これは**光の回折限界**（diffraction limit of light）と呼ばれている。

〔**2**〕　**計算機ホログラム**

　上記ではスリットが 2 個の単純な状況を考えたが，より複雑なパターンを考えることもできる。また，パターンを通過した各点からの回折光を合成したものを，ある狙った像にすることもできる。図 1.19(b) では，左方に複雑なパターンが見られるが，これらはパターンの各点において，光の振幅または位相が変調される状況を示している。この複雑なパターンに光を入射すると，その

回折像が図 1.19(b) の右に見られる文字列（「ARC」という文字列）として表れる。ここで，複雑な振幅分布や位相分布に相当するパターンは**計算機ホログラム**（computer-generated hologram：CGH）と呼ばれ，また，このような空間的な光変調を可能にするデバイスは，**空間光変調器**（spatial light modulator：SLM）と呼ばれる。

図 1.19(b) では単純な文字列を再生しているが，光の輸送先（回折像）はさらに複雑な像，あるいは多様なポイントの集合とすることができ，さまざまな応用が実現されている。

例えば，光コンピューティングにおいては，行列ベクトル演算における情報の同時配信[16]や，畳込みニューラルネットワークにおける層間の接続構造[29]（3.1.1 項参照）などに応用されている。その他，CGH の情報系における応用としては，バーチャルリアリティ，オーグメンテッドリアリティなどのための 3 次元ディスプレイや near-eye ディスプレイ向けの研究が活発に進められており[30]～[32]，情報系以外では，レーザ加工[33]，光遺伝学[34]，バイオフォトニクスにおける光マニピュレーション[35]などで盛んに活用が進んでいる。

〔3〕　**レンズによるフーリエ変換**

レンズには**フーリエ変換**と呼ばれる機能を実現する能力が備わっている。この機能は，1980 年代の光コンピューティングにおいて中心的な役割を担った。フーリエ変換の詳細ならびにレンズによるフーリエ変換の詳しい解説は，文献 36)～38) などを参照されたい。ここでは，レンズがいかにしてフーリエ変換を実現するのか，その概要を，**図 1.20**(a) の図式を用いて直感的に説明する。

まず，焦点距離 f のレンズが面 P_1 に設置されたとする。便宜上，P_1 上で図面の縦方向に x 軸を設置する。レンズに対してちょうど垂直に入射する平面波（破線）は，レンズから焦点距離 f だけ離れた面 P_2 において，レンズの光軸と交差する点 O_{P_2} に集光する。このことは，P_1 上で x 軸に沿った繰返し構造がまったくない信号を P_2 の原点に変換しているとみることができる。つまり，空間的に一様な信号，すなわち直流成分がフーリエ変換により原点 O_{P_2} に変換されたとみなすことができる。

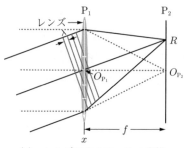

(a) レンズによるフーリエ変換

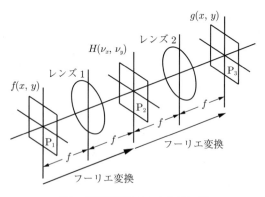

(b) 空間周波数フィルタリング

図 1.20 レンズによるフーリエ変換と空間周波数フィルタリング

つぎに，レンズに対してやや傾いた平面波（実線）が入射した状況を考える。このとき，レンズの作用によって，P_1 におけるレンズの光軸との交点 O_{P_1} を通過する光線は直進し，P_2 において R に集光する。

ここで，レンズに対して傾いて入射する平面波の等位相面と x 軸の交差点を考える。この交差点は，波長ごとの等位相面に対応し，x 軸上での繰返し構造として表れる。すなわち，一定の**空間周波数**（spatial frequency）を有した光入力とみなすことができる。この繰返し周期が，P_2 上では点 R として表現される。

平面波の傾きが小さければ交差点の間隔は大きくなり，空間周波数の低い入力となる。その結果，P_2 上での光の集光位置 R は原点 O_{P_2}，すなわち直流成分に近い位置となる。一方，平面波の傾きが大きければ交差点の間隔は密とな

り，空間周波数の高い入力となる。その結果，P_2 上での光の集光位置 R は原点 O_{P_2} すなわち，直流成分から遠ざかる。

以上の説明で，レンズ1枚で光入力の空間周波数成分が空間位置に変換されるメカニズムがご理解いただけたであろうか。

〔**4**〕 **空間周波数フィルタリング**

レンズ1枚でフーリエ変換が実現されることを見た。これを応用すると，画像に対する**空間周波数フィルタリング**（spatial frequency filtering）を光で実現することができる。図 1.20(b) において，面 P_1 に置かれた入力画像 $f(x,y)$ に対してレンズ1によって面 P_2 にそのフーリエ変換像 $F(\nu_x, \nu_y)$ が得られる。ここで，透過率が $H(\nu_x, \nu_y)$ であるフィルタを面 P_2 に設置すると，面 P_2 の透過光の分布は，$F(\nu_x, \nu_y) \cdot H(\nu_x, \nu_y)$ となり，さらにレンズ2によって，面 P_3 ではこれのフーリエ変換像 $g(x,y)$ が得られる。すなわち $H(\nu_x, \nu_y)$ で規定される空間周波数フィルタリングが実現される[36]~[38]。

面 P_1，面 P_2，面 P_3 から各レンズまでの距離は焦点距離 f に設定されることから，図 1.20(b) の系は **$4f$ 光学系**（$4f$ optical system）と呼ばれる。

1.3.8 近接場光と励起移動型デバイス

信号の輸送を確定させるためには，エネルギーの供給源とシステムの関わりを正しく捉えることが重要である。そのためには，エネルギーの輸送が何によって決定されているかを考えることが重要な鍵となる。例えば，電子回路は外部に置かれた電源に接続しなければ動かない。信号の流れは，電子回路そのものにおける電子の流れが関与しているが，それだけでなく，外部のエネルギー供給源からのエネルギーの流れが生じて初めて確定する。すなわち，外部のエネルギー源と電子デバイスの間の配線がつねに本質的な役割を果たしており，その意味において電子回路は**配線型デバイス**（wired device）と特徴付けることができる（**図 1.21**(a) 参照）。逆に，このような性質があるがために，集積化された電子回路の「外側」の電力解析だけで，「内側」の電子回路の振舞いを盗み見ることができることが知られている。これは**サイドチャネル攻撃**（side-channel

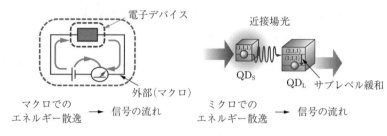

(a) 配線型デバイス   (b) 励起移動型デバイス

図 1.21 配線型デバイスと励起移動型デバイス[44]

attack）と呼ばれる攻撃手法である。このような攻撃への耐性は，**耐タンパ性**
（tamper resistance）といい，電子回路におけるセキュリティ上の重要な要件
になっている。

　これに対し，物質に局在する光として知られる**近接場光**（optical near-field）
を用いる光回路の場合には様相がだいぶ異なってくる。近接場光とは遠方まで
伝搬しない光，すなわち物質に局在した非伝搬光である[39),40)]。空間を伝搬す
る光（伝搬光（propagation light））は回折限界のため，およそ波長以下の寸法
の領域には集めることができないが（回折限界，1.3.7 項参照），近接場光を介
することで波長より小さな領域での光を議論することができるようになる。近
接場光を扱う学術領域は**近接場光学**（near-field optics）と呼ばれる[39),40)]。

　なかでも近接場光を介した**光励起移動**（optical excitation transfer）は近接
場光学において最も特徴ある現象の一つで，上記の配線型デバイスと対照的な
振舞いを示す。1 辺の長さが L である立方体型の量子ドットのエネルギー準位
は，量子数 (n_x, n_y, n_z) で特徴付けられ

$$E_{(n_x,n_y,n_z)} = E_B + \frac{K}{L^2}(n_x^2 + n_y^2 + n_z^2) \tag{1.12}$$

で与えられる。ここで，K は光励起の有効質量などで定まる定数である。式
(1.12) において，1 辺のサイズが a の量子ドット（QD$_S$）の $(1,1,1)$ 準位と 1 辺
のサイズが $\sqrt{2}a$ である寸法が大きい量子ドット（QD$_L$）の $(2,1,1)$ 準位は同一
である（共鳴エネルギー準位）。

　このとき，QD_S の $(1,1,1)$ 準位に生じた光励起は，近接場光を介して QD_L の $(2,1,1)$ 準位に移動することができる。この移動は伝搬光では実現することができず（**光学禁制遷移**（optically forbidden transition）），物質に局在した近接場光の急峻な電場勾配が鍵となっている。QD_L にはよりエネルギーレベルの低い $(1,1,1)$ 準位があり，$(2,1,1)$ 準位から $(1,1,1)$ 準位に高速にエネルギーは緩和する（サブレベル緩和）。

　ここで，QD_S から QD_L への一方向の信号の流れを確定させているのは，QD_L の $(2,1,1)$ 準位から $(1,1,1)$ 準位への緩和で局所的に生じるエネルギー散逸である。配線型デバイスでは外部のマクロ系におけるエネルギー散逸が鍵となっていたのに対して，近接場光で動作する光回路は隣接要素からやってくる光励起によって動作し，信号の流れを決定付けるために必要なエネルギー散逸は，信号の行き先となるナノ微粒子において**ミクロ**的に生じる。

　「配線型デバイス」とは異なり，電源と信号が一体となって動作しており，**励起移動型デバイス**（excitation transfer device）と特徴付けることができる（図 1.21(b) 参照）。近接場光で動作する信号の輸送に必要な最小エネルギー散逸は，電子回路（CMOS（complementary metal oxide semiconductor）ロジック回路）におけるビット反転に必要なエネルギー散逸よりもおよそ 10^4 倍小さいことが知られている[41],[42]。局所的な散逸を基礎としているので，耐タンパ性においてきわめて優れているといえる[43]。

1.3.9　光の階層性とシステム機能

　近接場光は，波長より微細なナノスケールと波長以上の巨視的スケールの間の寸法で生じる作用であり，また着目するスケールに依存して相互作用が異なるという性質がある。したがって，**図 1.22**(a) のように空間スケールの階層ごとに別の機能を備えた**階層型光システム**（hierarchical optical system）の構築が可能となる。

〔1〕　近接場光と伝搬光の「区別」とシステム機能

　まず，近接場光と伝搬光の最も単純な特徴として両者では相互作用のあり方

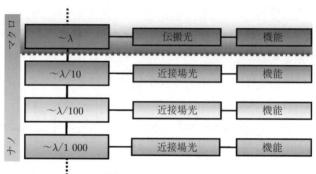

(a) 階層型光システム

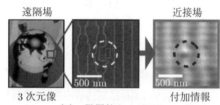

(b) 階層的ホログラム

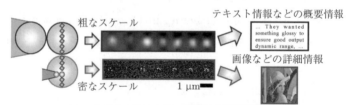

(c) 金属ナノ粒子を用いた階層的情報読出し

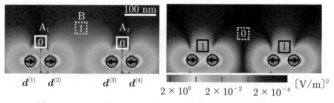

(i) A₁, A₂：0, B：1　　(ii) A₁, A₂：1, B：0

(d) 電気双極子の配列による階層的光学応答

図 **1.22** 光の階層性とシステム機能

が異なる点と，いわば両者の「区別」そのものに注目できる。例えば，1.3.8 項
で議論した**近接場光相互作用**（optical near-field interaction）は，電気双極子
禁制遷移に対して動作するが，伝搬光では動作しない。このことに着目すれば，
近接場光と伝搬光の周波数をうまく切り分けることで，信号の同時配信を実現
できる[45]。これは，光と物質の相互作用の階層性を利用する一つの例である。

　また通常，光学応答とは伝搬光に対する応答を意味するが，伝搬光の光学応答
に影響を与えることなく，近接場光に対して独立な光学応答を備えさせること
が可能である。実際，通常のホログラムや回折格子の表面に，近接場光によっ
てのみ再生可能なナノ構造からなる付加情報を埋め込んだ「階層的光学素子」，
例えば**階層的ホログラム**（hierarchical hologram）が実験的に示されている[46]
（図 1.22(b) 参照）。遠隔場では 3 次元像を視認できるが，その一方で，ホログ
ラム上の回折限界より小さなナノ領域に近接場光を介してのみ読出し可能な付
加情報が書き込まれている。この付加情報をセキュリティ機能として応用する
ことが検討されている。

〔2〕　階層型ナノ光システムの原理

　近接場光が支配する波長以下のスケールの内部でも複数の階層を考えること
ができる。ナノ寸法物質を含む媒体と観測プローブの間の双極子間相互作用は，
おのおののスケールが同一であるときに最大化する。この単純な原理に基づく
だけで，同一の媒体から空間階層に応じて異なる情報を読み出すシステムを実
現できる[47]。金属ナノ粒子を用いて図 1.22(c) に示す階層的情報読出しの実証
実験が示されている。これによれば，相対的に密な空間スケールで生じる相互
作用を画像などの詳細情報と対応付け，疎な空間スケールでの相互作用をテキ
スト情報（タグ）などの概要情報と対応付けることができる。

　ところで，一般にある現象を相対的に疎な空間スケールで観測したときには，
密な空間スケールでの観測量の平均場近似が得られる。しかしながら，近接場
光相互作用の階層性を上手に利用すると，「平均化されない疎視化」が可能にな
る。すなわち，階層ごとに独立の応答を備えさせることも可能になる。電磁場
を指数関数的に減衰するエバネッセント波を含む平面波の重ね合わせで表現す

るアンギュラー・スペクトル展開を用いると，このような性質を明示的に取り扱うことができる[48]。この平均化されない疎視化は，物質系の空間構造の疎密に対応して近接場光のしみ込み長が異なるという原理的特徴に基づく。すなわち，所望の階層における光学応答に寄与できるのは，その階層まで到達可能なしみ込み長を有する空間構造であり，その限りにおいて，所定の階層に影響を与えない空間構造には任意性が残る。

つまり，密な階層の光学応答と疎な階層の光学応答を全体として任意に設定可能になる。例えば，図 1.22(d) (i) に示す 4 個の**電気双極子**（electric dipole）$d^{(1)} \sim d^{(4)}$ について，微細なスケール（第 1 層）での点 A_1，A_2，ならびに疎なスケール（第 2 層）での点 B に着目する。まず，A_1 ではそこに近接した $d^{(1)}$ および $d^{(2)}$ が支配的に影響し，この場合には A_1 では光は局在せず，信号レベル 0 の再生となる。A_2 においても同様である。他方で，B に対しては 4 個の電気双極子とも関与できるものの，遠隔に位置するため配列の微細な構造は反映されず，B からは 4 個の電気双極子は事実上，逆向きに配列された 2 個の電気双極子にしか見えない。この場合には B では光は局在することができ，信号レベル 1 の再生が実現する。以上の例に限らず，4 個の電気双極子の配列を適当に設計することによって，第 1 層で信号レベル 1 としながら，第 2 層で信号レベル 0 とするなど（図 1.22(d) (ii) 参照），任意の階層的光学応答を実現できる。これは，近接場光が有する階層性を踏まえて，システム全体の構造を設計することに他ならない[48]。

2 現代光コンピューティングの ための情報通信技術の俯瞰

2.1 コンピューティング需要の拡大と アーキテクチャ革新の必要性

「まえがき」でも触れたように，光は高度情報通信社会を支える重要な基盤として，通信や計測などで幅広く活用されているが，それだけにとどまらず，コンピューティングにまでその役割が拡大している。特に，情報通信量の爆発的増大や AI に見られるコンピューティング需要の拡大と高度化，さらには，グリーントランスフォーメーションに見られる環境性能の重要性の高まりに伴い，新たな物理系を活用するコンピューティングが活発に研究されるようになった。その一つに光コンピューティングが位置している。本節では，コンピューティング需要の高まりと新たなアーキテクチャ研究が必要となっている背景をレビューする。

2.1.1 コンピューティング需要の爆発的増大

OpenAI 社は AI において実行されている計算量の増加傾向の分析結果を示している[49]。**図 2.1** は，petaflops/s-days（pfs-day）という単位で示された計算量の年次推移である。1 pfs-day は，毎秒 10^{15} 個の積和演算を 1 日間連続で実行した場合の積和演算の総数，すなわち $10^{15} \times 60 \times 60 \times 24 \sim 10^{20}$ 個の積和演算に相当する。

2012 年までは 2 年で 2 倍のペースで増加してきたが，2012 年以降は **3.4箇月で 2 倍**のペースで急増している。この理由として，2012 年までは GPU

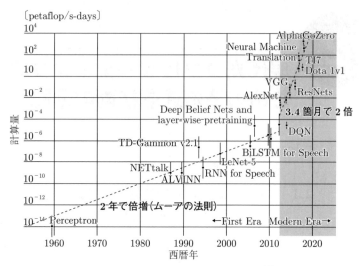

図 **2.1**　AI における計算量の年次推移[49]

（graphical processing unit）を機械学習に用いることがほとんどなかったのに対し，2012 年以降は大量の GPU を用いたアプローチが大きく進展したことが影響したなどの分析結果が示されている。

また，**図 2.2** は，過去およそ 20 年間にわたってニューラルネットワークに

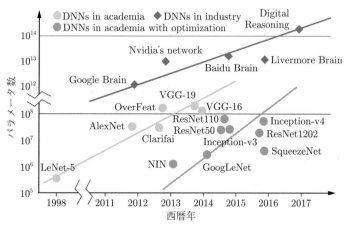

図 **2.2**　ニューラルネットワークにおけるパラメータ数の増大[50]。
DNN：deep neutral network。

おけるパラメータ数の増大を捉えたもので，縦軸は log スケールでプロットされている。パラメータ数が指数関数的に増大している様子が明確にわかる[50]。

　これらのデータは，今後予想されるコンピューティング需要を超越する高い計算能力を備えた次世代コンピューティングの研究が，今後の情報社会の持続的発展に不可欠であることを端的に示している。

2.1.2　従来技術の限界

　一方で，半導体技術に基づくプロセッサの性能改善は頭打ちになっている。図 **2.3** は，世界的に著名なデバイスおよびシステムに関する技術ロードマップ International Roadmap for Devices and Systems（IRDS）の Executive Summary[51] において示されているマルチコア型 CPU（central processing unit）の性能のトレンドである。2000 年代頃に電力の限界を迎え，動作周波数の伸びが止まっていることが明確にわかる。また，コア数の伸びも鈍化しており，結果としてチップ全体の計算能力の向上が鈍化している。これらの状況は，ムーアの法則の終焉やデナードスケーリングの終焉などと呼ばれている。

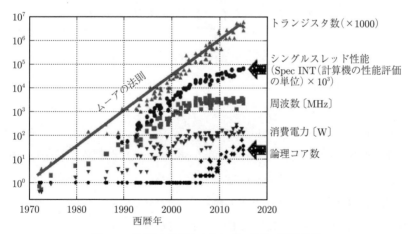

図 **2.3**　CPU の性能のトレンド。近年では性能が
頭打ちになっていることがわかる[51]。

2.1.3 電力消費の増大

消費電力の増大をいかに回避するかは重要な論点の一つである。情報通信技術（information and communication technology：ICT）の利活用の促進に伴い，データセンターの電力消費量は世界全体の電力消費量の1〜2%という試算も示されている[52),53)]。増え続ける情報通信量とコンピューティング需要に応えつつ，環境性能にも配慮したコンピューティング原理の構築が待望されている。

2.1.4 アーキテクチャ革新の必要性

以上概観してきたように，一方で爆発的に増え続けるコンピューティング需要があり，他方で従来型の**アーキテクチャ**（architecture）では性能改善が望めないという状況から，このギャップを解消できる新たなアーキテクチャの創成が不可欠となっている。この現実が，さまざまなアクセラレータや，光コンピューティング，量子コンピューティングといった，「物理系の特徴を生かす」という視点に立った新たなコンピューティングの出現を待ち望む背景として存在する。

2.2　フォンノイマンアーキテクチャ

今日のディジタルコンピュータの動作原理は，チューリングマシンによって示された「計算可能性」の理論的根拠に基づいてその汎用性が保証され，かつこれを具現化するアーキテクチャとして生まれた，**フォンノイマンアーキテクチャ**（von Neumann architecture）に基づいている。フォンノイマンアーキテクチャは，入力装置（input device），制御装置（control unit），処理装置（arithmetic logic unit），メモリ（memory），および出力装置（output device）を基本構成とし（**図2.4**参照），制御装置と処理装置は合わせて中央処理装置（CPU）と呼ばれる。本節では，石川が文献54）において整理したボトルネックの視点を参照し，フォンノイマンアーキテクチャの特徴と課題を議論する。

フォンノイマンアーキテクチャは，メモリとCPUの間をコマンドおよびデータが行き来する点に特徴があり，実現しようとする演算処理を時間軸上に展開

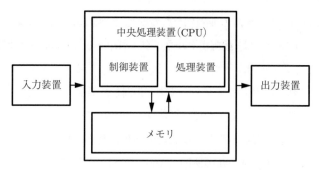

図 2.4 フォンノイマンアーキテクチャの基本構成

する点が大きなポイントである。言い換えれば，演算処理を逐次的・論理的因果関係で分解し，それを時間軸上の制御コマンド列，すなわちプログラムで表現し，実行するという基本構造になっている[54]。

このアーキテクチャは，演算の論理的正確さや演算制御の容易さといったメリットを有し，現代のさまざまな情報処理技術が決定的に依拠する構造となっている。その一方で，上述のように処理装置とメモリの間の通信が原理上不可欠であることから，その性能が全体を律速する場合がある。これは**フォンノイマンボトルネック**（von Neumann bottleneck）や**メモリウォール**（memory wall）——メモリと処理装置の間の壁——と呼ばれ，大量のデータを取り扱う近年のコンピューティングシステムにおける大きな課題となっている。

他にも，現代のコンピューティングシステムにおいて生じるボトルネックには，見方に応じてさまざまな類型がある。例えば，入出力装置と外部装置を接続する際に，走査構造，バス構造，スター型構造などさまざまなネットワーク構造が介在することが多くある。実際，現代のパーソナルコンピュータは，単体で独立して動かすことはまれであり，ネットワークに接続して使用することがほとんどと思われるが，このような局面では，演算の速度が十分に高速であれば，外部機器とのデータの入出力がボトルネックとなる。これは**I/O ボトルネック**（I/O bottleneck）や**インターコネクションボトルネック**（interconnection bottleneck）などと呼ばれる。さらに，フォンノイマンボトルネックやI/Oボトルネックを解消すべく配線の並列化を進めると，配線技術が問題になる。これに付随したボトルネックは，**配線ボトルネック**（wiring bottleneck）や**ピンボトルネック**（pin bottleneck）と呼ばれる。2.4.2項で論じる光インターコネクションなどは，これらのボトルネックの解決を指向して発展してきたともいえる。

一方で，配線ボトルネックが仮に解消されたとしても，フォンノイマンアーキテクチャを踏襲している限り，**直列型の演算構造そのもの**がどうしてもボトルネックになる。**アムダールの法則**（Amdahl's law）[55),56)] は，並列型と直列型の演算構造の混合が生み出す根本的ボトルネックを指摘している。いま，並列化可能な部分の全体に対する割合が f で，プロセッサの数が n であったとする。このとき，直列型の処理時間は $(1-f)$，並列型の処理時間は f/n となるので，単体時 $(n=1)$ に対する演算速度の改善率は

$$\text{SpeedUp}(f,n) = \frac{1}{(1-f) + \dfrac{f}{n}} \tag{2.1}$$

となる。いま，$f=0.95$，$n=\infty$，すなわち95%並列化可能であり，きわめて大量のプロセッサを使用可能としても，改善率の指標SpeedUpは20に過ぎない。

このような限界に関する考察から，フォンノイマンアーキテクチャとは異なる形でコンピューティングを実現できないかという問題意識が生じるのは自然な流れといえ，**非ノイマン型アーキテクチャ**（non-von Neumann architecture）や **Beyond Neumann アーキテクチャ**などと呼ばれる新たなアーキテクチャに期待が寄せられるようになった。

2.3 領域特化アーキテクチャ

2.3.1 領域特化アーキテクチャの概要

2.1節および2.2節で示したように，フォンノイマンアーキテクチャに基づく汎用的コンピューティングの性能向上が頭打ちになっている一方で，さまざまな応用においてコンピューティング需要が急激に増大している現状がある。

　ここにおいて，汎用的な計算の性能向上を目指すのではなく，特定の計算分野に特化し，その限られた対象計算の高速化を指向した計算装置が近年注目されている。このような計算装置は，**領域特化アーキテクチャ**（domain specific architecture：DSA）や**アクセラレータ**（accelerator）と呼ばれ，その重要性が高まっている[57]）。

　天野は，著書 57) においてさまざまな領域特化アーキテクチャやアクセラレータの実現例を示している。具体的には，GPU，エンタープライズ用 AI アーキテクチャ，エッジ用途 AI チップ，アクセラレータとしての再構成可能システム，スーパーコンピュータなどを議論している。

　光コンピューティングに関する研究の多くは領域特化アーキテクチャを指向する研究として位置付けることができ，Kitayama らは「光アクセラレータ」の概念を提唱している[56],[58]）。

　図 2.5 は，汎用コンピューティングから光コンピューティングへの流れを，領域特化アーキテクチャの視点から整理したものである。上段に応用レベルで実現される機能，中段に基盤となるアーキテクチャ，下段に物理的実現手段を示している。

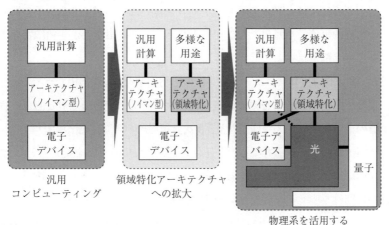

図 2.5　フォンノイマンアーキテクチャから
領域特化アーキテクチャへの流れ

　左端の汎用コンピューティングにおいては，目標は汎用計算であり，電子デバイスを基盤とし，アーキテクチャとしてフォンノイマンアーキテクチャが確固として存在する。これに対して中央に示すように，多様な用途おのおのに特化してコンピューティングの革新を指向する領域特化アーキテクチャが登場し，アーキテクチャとして想定すべき範囲が大きく拡大した。ただし，従来の領域特化アーキテクチャでは，その実現技術として引き続き電子デバイスを基礎としている。

　これに対して，右端に示す光コンピューティングでは，光という新たな物理基盤を実現手段に含むようになり，これを踏まえた領域特化アーキテクチャが構想されるようになった。そこでは電子デバイスとの連携や協調も課題になる。

　またこの図式においては，量子コンピューティングは，量子性という物理基盤を手掛かりに，領域特化アーキテクチャを指向するものとみることができる。3 章に見られるように，現時点においては，光コンピューティングの研究の多くは光の量子性を用いずにコンピューティングの革新を指向している。ただし，3.4 節における単一光子やもつれ光子を用いた意思決定システムのように，光の量子性を生かした新たな領域特化アーキテクチャの研究も少しずつ出始めている。大ざっぱには，光コンピューティングは，電子デバイスと量子の間の中間的な物理的可能性を対象とし，光の素材としての特徴を生かす領域特化アーキテクチャと位置付けることができる。

　なお，井上氏は，コンピューティングの応用領域を，産業応用だけでなく，防災，福祉，学術などを含む幅広い概念に拡大し，他方で物理基盤として，従来の単層の半導体デバイスだけでなく，3 次元積層デバイス，超伝導デバイス，スピンデバイス，光デバイスなどの多元化が進行していることを捉え，その上で，これらの応用領域と物理基盤を接続するアルゴリズム，アーキテクチャ，計算原理の重要性を唱え，その全体像を**図 2.6** のようにまとめている。

　従来の「汎用計算」が，この図式上の下方から「MOS FET（metal–oxide–semiconductor field–effect transistor）デバイス」→「ノイマン型計算」→「厳密計算」に至るパスのみを対象としているのに対し，近年のコンピューティング研

応用領域

アルゴリズム
アーキテクチャ

計算原理

物理基盤

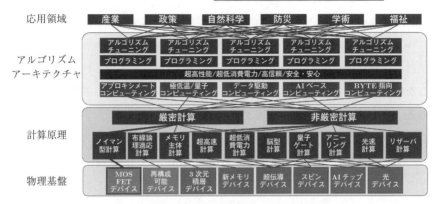

図 2.6 多様な応用領域と物理基盤を接続するアーキテ
クチャの重要性（井上氏（九州大学）の図を一部改変）

究がその領域をいかに拡大してきたか――探求すべき領域の広さと多様性――，
これらが整然と可視化されている点が注目される。このような領域の拡大は学
会にも影響を及ぼしており，応用物理学会では，従来の「半導体」「光・フォト
ニクス」「応用物性」などの伝統的な学問領域に対し，これらを横断した学際融
合領域として，新たに **AI エレクトロニクス** と呼ばれる領域を構築し，新たな
研究開発の方向性を開拓している。

2.3.2　ニューラルネットワーク

本項では，領域特化アーキテクチャの例として，**ニューラルネットワーク**
（neural network）の構造的特徴を 2.2 節のフォンノイマンアーキテクチャと対
比させながら議論する。

ニューラルネットワークとは

1. **演算処理を空間的に展開する方法**

であると同時に

2. **プログラムとは違った形で汎用構造を実現する方法**

と考えられる[54]）。

1. における課題は

- 大規模並列性のあるハードウエアの実現

- それほど能力の高くない単機能の演算素子の大規模並列化
- 演算素子間のネットワークの構築

であり，演算素子が複数個存在し，それらがネットワーク化されることが基本となっている。これをフォンノイマンアーキテクチャにおいて実現しようとすると，メモリと CPU の間の通信が大量に生じるため，ニューラルネットワークの並列構造が生かしにくいことになる。この問題を軽減するアプローチとして，今日 GPGPU（general purpose graphical processing unit）やシストリックアレイと呼ばれる構造が興隆を見るに至っており，現代の光コンピューティングの一部もこの問題の解決に貢献するものになっている。ただし，3 章に見るように，光コンピューティングの研究は，ニューラルネットワークに限られるものではまったくないという点に留意が必要である。シストリックアレイについては，2.3.3 項で解説する。

2. に対する課題は

- 学習の実現
- ネットワークの可塑性の実現
- 演算機能を自己組織する機能
- 学習のための信号および学習自体の高速化

と整理される。ここで特筆されるのが，フォンノイマンアーキテクチャの要件にはまったく入っていない「学習」という側面が新たに浮上しているという点である。

ニューラルネットワークの研究は 1970 年代に脳の数理モデルとしての研究から始まり[59]，その後，数理科学や数理工学としての研究も大きく発展し，現在も研究が盛んに進められている[60]。

ニューラルネットワークの並列処理構造を実際に物理的に構築しようとする研究も，すでに 1980 年代に活発に行われた。Mead は，簡単な視覚機能をアナログ回路によって実現するなど，生体を模倣したエレクトロニクスの先駆けとなる研究を開拓した[61]。この研究は，現代では Neurogrid[62),63)]，BrainScaleS[64)]など神経回路網を規範とした大規模なアナログ情報処理に至り，さらに精力的に研究が進められている。Neurogrid の外観を**図 2.7** に示す。また，ディジタ

図 2.7 Neurogrid の外観（Prof. Kwabena Boahen
（Stanford University）のご好意による）

ル回路を応用したアプローチも示されており，TrueNorth[65]，SpinNaker[66]
などの研究が挙げられる。これらは**ニューロモルフィックコンピューティング**
（neuromorphic computing）などと呼ばれている[67]。

　光に関しても，1980 年代においてすでに光の並列性（1.2.3 項参照）を活用
した光ニューロコンピューティングが盛んに研究され，後に見るように現代の
光コンピューティング研究の発展の一端を担っている[68]。

　ここで，ニューラルネットワークの基本的構造を簡単にレビューする。**ニュー
ロン**（neuron）に相当する個々の要素は，N 個の入力 x_i $(i = 1, 2, \cdots , N)$ を
受け付け，**シナプス**（synapse）荷重 w_i を用いた荷重和 $\sum_i w_i x_i$ と閾値 h に
対して非線形な出力関数 f を介すとすると，その出力は

$$y = f\left(\sum_i w_i x_i - h \right) \tag{2.2}$$

と表現される。これを単層で並列化したものが**図 2.8**(a) に示すモデルであり，
j 番目のニューロンの出力は

$$y_j = f\left(\sum_i w_{i,j} x_i - h_j \right) \tag{2.3}$$

となる。行列ベクトル演算と非線形出力演算がその核心にあることがわかる。
3.1 節では光を用いたこの行列ベクトル演算のさまざまな類型を議論する。

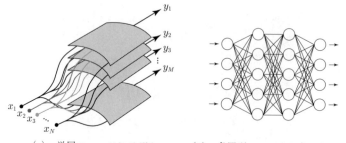

(a) 単層ニューロンモデル   (b) 多層型ニューラルネットワーク

図 2.8 ニューロンのモデルシステム[69]と
多層型ニューラルネットワーク

上記の構造を多層化させたものが図 2.8(b) であり，最近では深層学習と呼ばれる構造の基礎となっている。

なお，Ishikawa らはすでに 1980 年代において，光の並列伝搬と空間光変調器を用いた光ニューラルネットワークを提唱し，それをベースに光による連想記憶を実現し（**光アソシアトロン**（optical associatron））[68]，当時の光コンピューティングの研究における中心的成果の一つとなった。当時用いられた空間光変調器の性能は現代のそれに比べればきわめて低かったといえるが，デバイスの不均一性を学習によって補償するという機能も実現しており，今日にも通じるさまざまな示唆を与えている。その後，半導体集積化技術の進歩や 2.4.2 項で述べる光インターコネクションの興隆によって，1980 年代の光コンピューティングブームは一端終焉を迎えることになるが，3 章で論じる光による行列ベクトル演算を始めとして，現代の光技術の進展とともにその重要性がリバイバルしている。

■ 光アソシアトロン

1989 年に Ishikawa らが示した光アソシアトロンの概要を述べる。システム構成を**図 2.9** に示す。光アソシアトロンは Kohonen が示した直交学習法[70]を規範としている。学習途中の時刻 t における想起出力 z_t と学習の目標パターン y_0 の差 $(y_0 - z_t)$ と入力 x から作られる修正行列 $(y_0 - z_t)x^T$ を用いて記憶行列 W_t を更新するとともに，想起出力 z_t を更新する。この過程は

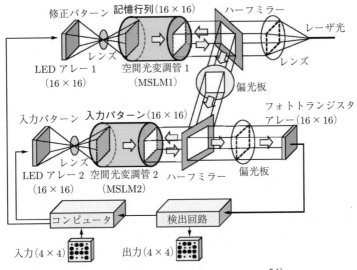

図 2.9 光アソシアトロンのシステム構成[54]

$$W_{t+1} \leftarrow W_t + \alpha(\boldsymbol{y}_0 - \boldsymbol{z}_t)\boldsymbol{x}^t \tag{2.4}$$

$$\boldsymbol{z}_t \leftarrow W_t\boldsymbol{x} \tag{2.5}$$

と書ける。α は学習の係数である。

　Ishikawa らは，入力 $\boldsymbol{x}$，想起出力 $\boldsymbol{z}$ が 2 次元アレー状に表現できる独自のコーディングを提案し，2 個の**空間光変調管**（microchannel spatial light modulator：MSLM）を用いることで，式 (2.5) に相当する演算を完全に光学的に実現した。空間光変調管 1 には記憶行列が LED アレー 1 によって書き込まれ，空間光変調管 2 には入力パターンが LED アレー 2 によって書き込まれる。レーザ光は空間光変調管 1 によって強度変調され，これがさらに空間光変調管 2 によって変調され，フォトトランジスタアレーにより読み出される。これにより式 (2.5) が完結する。

　この研究では光演算の並列性が生かされており，式 (2.4) に相当する学習の主体的部分に関しても並列性が高く，原理的にはすべての演算を光化できる想定となっている。情報を 2 次元上に表現する工夫も特筆される。

現代においては，3章で紹介する行列ベクトル演算が大きく興隆しているが，光アソシアトロンが実証したシステム的，理論的，実験的なアプローチは，今日においてもなお示唆的な部分が多い。

2.3.3　シストリックアレー

「シストリック」とは心臓が脈を打って鼓動，収縮する様子を意味する。**シストリックアレー**（systolic array）とは，血液が心臓の収縮に伴って体を巡るかのように，データをプロセッサアレーを巡回させることで並列演算を実行するアーキテクチャの総称である。Kung により先駆的研究が 1980 年代から行われていたが[71]，近年では Google の TPU（tensor processing unit）で用いられたことで改めて注目されている[72],[73]。

本項では，行列演算の具体例を通して，シストリックアレーのメカニズムと特徴を解説する。

ここでは，**図 2.10** に示すように，2×3 の行列 W と 3×2 の行列 X の行列積演算を考える。出力は 2×2 の行列 Y である。

まず，行列 W と同じ 2×3 個の**プロセッシングエレメント**（processing element：PE）を配置し，i 行 j 列の PE に行列 W の要素 W_{ij} を配置する。行列 X を PE の上方から流し込んでいく。ただし，X の第 i 列と第 $(i+1)$ 列では，PE への到来タイミングが 1 ステップずれるようにする（図 2.10(a) 参照）。

各 PE は

1. 上方から到来するデータ x_{in} とおのおのが保持している W の要素 w の積を計算するとともに，左方から到来するデータ y_{in} との和を演算し：

$$y_{\mathrm{out}} \leftarrow y_{\mathrm{in}} + w x_{\mathrm{in}}$$

2. 結果 y_{out} を右方の PE に転送するとともに

3. 上方から到来したデータを下方の PE に転送する：$x_{\mathrm{out}} \leftarrow x_{\mathrm{in}}$

という共通の動作を行う。

系全体の動作をシーケンシャルに追いかけてみよう。

1. $t = 1$（図 2.10(b) 参照）

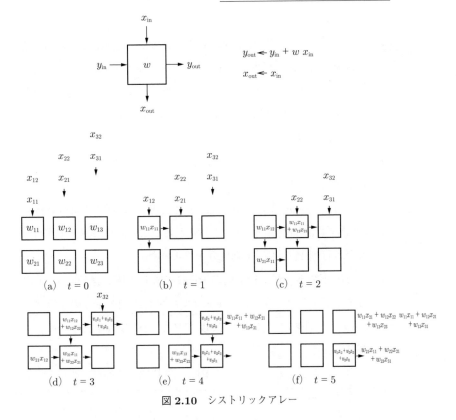

図 **2.10** シストリックアレー

- 入力データ x_{11} が 1 行 1 列の PE に到来し，当該 PE において積演算結果 $w_{11}x_{11}$ が得られる。

- 同時に，入力データが 1 ステップ進捗し，x_{12} および x_{21} がつぎのステップにおいて PE に投入される状態となる。

2. $t = 2$ （図 2.10(c) 参照）

- 入力データ x_{12} が 1 行 1 列の PE に到来し，当該 PE において積演算結果 $w_{11}x_{12}$ が得られる。

- 入力データ x_{21} が 1 行 2 列の PE に到来し，積演算 $w_{12}x_{21}$ を実行するとともに，左方から $t = 1$ での 1 行 1 列の PE の演算結果 $w_{11}x_{11}$ が到来し，当該 PE において積和演算結果 $w_{11}x_{11} + w_{12}x_{21}$

が得られる。

- 入力データ x_{11} が 2 行 1 列の PE に到来し，当該 PE において積演算結果 $w_{21}x_{11}$ が得られる。

- 同時に，入力データが 1 ステップ進捗し，x_{22} および x_{31} がつぎのステップにおいて PE に投入される状態となる。

3. $t = 3$（図 2.10(d) 参照）

- 入力データ x_{31} が 1 行 3 列の PE に到来し，積演算 $w_{13}x_{31}$ を実行するとともに，左方から $t = 2$ での 1 行 2 列の PE の演算結果 $w_{11}x_{11} + w_{12}x_{21}$ が到来し，当該 PE において積和演算結果 $w_{11}x_{11} + w_{12}x_{21} + w_{13}x_{31}$ が得られる。この時点において，出力となる行列 Y の 1 行 1 列成分が得られた。

- 入力データ x_{22} が 1 行 2 列の PE に到来し，積演算 $w_{12}x_{22}$ を実行するとともに，左方から $t = 2$ での 1 行 1 列の PE の演算結果 $w_{11}x_{12}$ が到来し，当該 PE において積和演算結果 $w_{11}x_{12} + w_{12}x_{22}$ が得られる。

- 入力データ x_{12} が 2 行 1 列の PE に到来し，当該 PE において積演算結果 $w_{21}x_{12}$ が得られる。

- 入力データ x_{21} が 2 行 2 列の PE に到来し，積演算 $w_{22}x_{21}$ を実行するとともに，左方から $t = 2$ での 2 行 1 列の PE の計算結果 $w_{21}x_{11}$ が到来し，当該 PE において積和演算結果 $w_{21}x_{11} + w_{22}x_{21}$ が得られる。

以下，$t = 4$ も同様である（図 2.10(e) 参照）。この動作を繰り返していくと，$t = 5$ には出力となる行列 Y の 2 行 2 列成分も計算され，行列 Y のすべての要素が出そろうことになる（図 2.10(f) 参照）。

このように，各 PE で積和演算を実行し，結果を右方向へ，入力を下方向に流すというシンプルな基本動作で行列演算が実現される。データがサイクルごとに右方および下方へ流れる態様が，あたかも心臓の収縮に伴う血流のようであり，「シストリック」という名の由来がよくわかる。上記では説明の都合上，

入力 X の行数を 2 に限っているが，行数が大量になった場合にもまったく同じ動作を繰り返すことでパイプライン的に出力が得られる。この過程においてすべての PE は意味のある演算を行っており，効率の良い演算が実現されていることがわかる。

また，上記の例では入力 X が時間経過とともにシステムを上方から下方へ流れていくが，W についてはまったく動いていないことも注目される。この構造が，外部メモリと計算要素の間のデータ移動のボトルネックを回避することに貢献している。なお，行列積演算を行うシストリックアレーには他の様式も存在し，入力 X と入力 W の双方を動的に動かしながら計算する構造が知られている。

2.4 光コミュニケーションの基盤

2.4.1 シャノンの定理

Shannon は通信路容量が式 (2.6) となることを示した。

$$C = N_C W \log_2 \left(1 + \frac{S}{N} \right) \tag{2.6}$$

ここで

N_C はチャネル多重数

W は帯域幅

N は雑音の平均電力

S は送信信号の平均電力

を示す。式 (2.6) は，多重度が 1 ($N_C = 1$) の通信路において，雑音 N がいかに大きくても，帯域幅 W を大とすれば通信路容量 C を確保できることを示している。現代においては，全体としての通信路容量 C を増大させるには，つぎの 3 個のアプローチが存在することを意味している[74]。

1. W を拡大する：シンボルレートの高速化
2. 信号対雑音比 (S/N) を改善する：低雑音化・信号パワー増加 → 信号多

値化

3. N_C を拡大する：周波数軸（波長軸）や空間軸上での多重化・並列化

実際，光通信技術は 100 Gbps を超える高速化（W 拡大），1.2.6 項にも述べた多値通信（S/N 改善），および 1.3.3 項でも触れたマルチコア光ファイバなどに見られるチャネル多重数の拡大（N_C 拡大）が進展している。

2.4.2 光インターコネクション

本項では，情報伝達の主体としての光技術の発展と，1980 年代の光コンピューティングの研究との関わりを簡単に振り返る。1 章で示したように光の伝搬高速性，広帯域性，光ファイバという低損失の媒体の存在などからわかるように，情報の伝送において，光は配線を介した有線通信や無線通信に比して多くの好ましい性質を有する。

このことは，光通信技術の実用化が早くから進展したことに明確に見ることができる。光通信を基礎とするネットワークは，それが対象とするスケールに応じて，大陸間や都市間などの長距離を接続するコアネットワーク，都市内における中規模のエリアを担うメトロネットワーク，基地局・加入者間の接続を担うアクセスネットワークと呼ばれる。このような中長距離の情報伝達では光のメリットが早くから認識され，光通信技術が広くかつ急速に普及してきた。

その後，より短距離の情報伝達についても光の潜在能力が生かせるとの認識が生まれ，**光インターコネクション**（optical interconnection）という領域が開拓された。光インターコネクションの明確な定義は今日においても定まってはいないが，慣用としては**図 2.11** に示すようにアクセスネットワークよりも短距離の階層を指し示し

1. コンピュータの筐体間を接続する**筐体間光インターコネクション**
2. コンピュータのボード間を接続する**ボード間光インターコネクション**
3. ボード上のチップ間を接続する**チップ間光インターコネクション**
4. チップ内の領域間を接続する**チップ内光インターコネクション**

のように，適応するスケールに応じた類型が存在する。

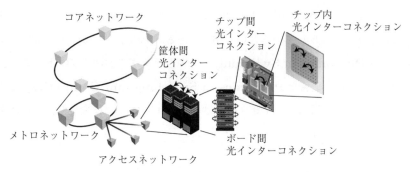

図 2.11　光通信と光インターコネクション

1980 年代に光をコンピューティングの主体として扱う光コンピューティングの研究が興隆したことはすでに述べたが，その後，集積回路技術の急速な向上のなかで，「計算は電子で，通信は光で」という棲み分け論が起こり，情報伝達に焦点を置いた光インターコネクションの研究が急速に活発化した。集積回路技術を駆使して並列度の高い機能ブロックを構成し，これを光によって接続するという光電子融合型システムが提唱され，ここにおける電子回路は**スマートピクセル**（smart pixel），すなわち「機能を持った画素」と命名された。このような並列度の高い機能要素を接続するというアプローチは，2.3.2 項で述べたニューロモルフィックコンピューティングや今日における GPU などと機能的には同様の部分があるといえる。

　光の特質を「**情報伝達（通信）にこそ生かすのか，計算にも生かすのか**」というせめぎ合いは，国際会議の名称の変遷にも見ることができる。1985 年に開始された米国光学会（Optical Society of America：OSA, 現 Optica）のこの分野の国際会議の名称は **Optical Computing**，すなわち「光を用いたコンピューティング」であったが，光インターコネクションの重要性の高まりを受け，1997 年より **Optics in Computing**，すなわち「コンピューティングにおける光」へと転じた。

　ところが，その後，半導体集積回路技術の限界やコンピューティング需要の増加という潮流もあり，現代では，光を情報伝達のみならずコンピューティン

グに直接に生かそうという流れに再び転じ，「光コンピューティング」が今日
においてリバイバルしているという側面がある。光スイッチに関する伝統的な
国際会議 **Photonics in Switching**（「スイッチングにおけるフォトニクス」）
は 2020 年より会議名を **Photonics in Switching and Computing**（「ス
イッチングとコンピューティングにおけるフォトニクス」）に変更し，計算と光
との関わりを強く示す名称となった。

3 現代光コンピューティング

3.1 光行列ベクトル演算，光ニューラルネットワーク

2.1 節で示したように AI の隆興に伴うコンピューティング需要の急速な高まりが，2.2 節で議論した従来型アーキテクチャの限界打破の重要性や，2.3.2 項で触れた領域特化アーキテクチャの必要性の高まりにつながっている。なかでも，**行列ベクトル演算**（optical matrix-vector multiplication）はその中心となる基本的演算構造であることから，光を用いた実現形態について盛んに研究が行われ，今日ではいくつかの類型が存在する。本節ではこれらをレビューする[75]～[78]。

3.1.1 空間並列活用型
「空間並列活用型」の光行列ベクトル演算は，光の並列性を利用するアプローチである。N 要素の入力ベクトル $\boldsymbol{x}$，M 要素の出力ベクトル $\boldsymbol{y}$，$N \times M$ 要素の行列 W に関する行列ベクトル積

$$
\begin{pmatrix} y_1 \\ y_2 \\ \vdots \\ y_M \end{pmatrix} = \begin{pmatrix} w_{11} & w_{12} & \cdots & w_{1N} \\ w_{21} & w_{21} & \cdots & w_{2N} \\ \vdots & \vdots & \ddots & \vdots \\ w_{1M} & w_{M2} & \cdots & w_{MN} \end{pmatrix} \begin{pmatrix} x_1 \\ x_2 \\ \vdots \\ x_N \end{pmatrix}
$$

$$= \begin{pmatrix} w_{11}x_1 + w_{12}x_2 + \cdots + w_{1N}x_N \\ w_{21}x_1 + w_{22}x_2 + \cdots + w_{2N}x_N \\ \vdots \\ w_{M1}x_1 + w_{M2}x_2 + \cdots + w_{MN}x_N \end{pmatrix} \tag{3.1}$$

の計算において，入力ベクトルの各要素 $x_1, x_2, \cdots, x_N$ は，出力ベクトルの全要素 $y_1, y_2, \cdots, y_M$ の計算に共通して必要となっている。和の対象となる各要素は w_{ij} と x_j の積からなっていて，特に x_j は 行列 W の j 列 $w_{1j}, w_{2j}, \cdots, w_{Mj}$ との積演算に必要となっている。また，出力 $y_i (i = 1, \cdots, M)$ は，すべて N 個の項の和からなっている。

これらの構造を見極めて，**図 3.1** に示すように行列 W をアレー状に配置し，入力ベクトルの各要素 x_j が $w_{1j}, w_{2j}, \cdots, w_{Mj}$ に同時配信されるようにアレンジする。ここで，光の並列性を活用することができる。まず，入力ベクトルを光源のアレーとして表現し，x_j からの光を円筒型のレンズ（シリンドリカルレンズ）などを用いて列方向に同じ強度の光として同時配信する。

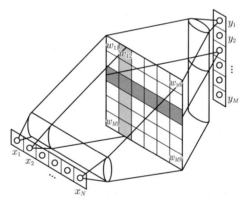

図 3.1　空間並列活用型の行列ベクトル演算[69]

さらに，行列 W を光の透過率パターンとして空間光変調器上に表現し，入力光の強度に空間光変調器上の各透過率を乗じた強度の光が得られるようにする。

そして，入力側と直交して配置したシリンドリカルレンズによって行方向に

光を集光し，行ごとに光強度の加算を行う（インコヒーレントな加算（1.2.4 項参照））。これによって，出力 y_i が $\sum_{j=1}^{N} w_{ij}x_j$ として得られる。

　このような光の並列性を活用する行列ベクトル演算は，1980 年代の光コンピューティングにおいて活発に研究された。

　現代では，この方式と完全に同じ形での研究はあまり見当たらないが，光による分配と集約（1.2.3 項参照）を活用した研究は再び活発に行われている。例えば，UCLA の Lin らは，3D プリンタを用いて独自に製作した**回折光学素子**（diffractive optical element: DOE）をカスケード接続することで，パターン分類を実現する回折素子型深層ニューラルネットワーク――diffractive deep neural network（D²NN）――の実証に成功し，注目を集めている[29]（**図 3.2**(a) 参照）。ある入力パターンに対して，出力面において，当該入力情報のカテゴリに相当する空間位置で光強度が最大となるように，DOE が最適設計されている。図 3.2(b) に MNIST（Modified National Institute of Standards and Technology database）および Fashion-MNIST と呼ばれるタスクに対して構築された回折光学素子のパターンを示す。学習には多大な計算が伴うが，推論時には光波の伝搬のみで分類に関わるすべての演算がなされている。

　なお，光の回折現象そのものは 1.3.7 項でも概説したようにきわめて伝統的な学術だが，近年のコンピュータパワーの向上が，学習を伴う大規模な DOE の実現を可能とさせていることも見逃せない。ここには，「光をコンピューティングに活用する」という，いわば「**光 → コンピューティング**」という方向の思想だけでなく，「最新のコンピューティング技術やアルゴリズムで光学を革新する」という「**コンピューティング → 光**」という考え方のインパクトを見いだすことができる。

　また，行列ベクトル演算からは離れるが，光の並列伝搬によるニューラルネットワークを論理演算に応用する研究もある。Qian らは，入力層に 2 ビットの情報と演算子を指定し，これを多層の回折光学素子構造を通過させることで所望の論理演算が実現できることを，マイクロ波を用いた基礎実験により示してい

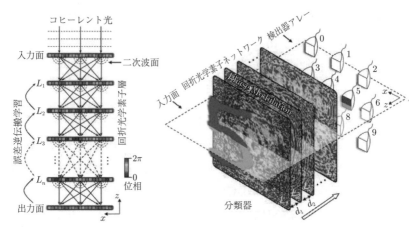

(a) 回折光学素子型深層ニューラルネットワークの構成

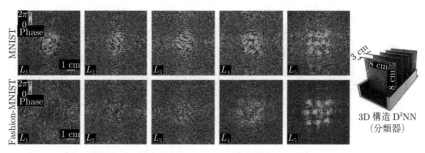

(b) 学習後の回折光学素子パターン（多層位相マスク）

図 **3.2** 回折光学素子のカスケード接続による深層ニューラルネットワークの実現（From Lin, X., Rivenson, Y., Yardimci, N. T., Veli, M., Luo, Y., Jarrahi, M. and Ozcan, A.: All-optical machine learning using diffractive deep neural networks, *Science*, **361**, 6406, pp. 1004–1008 (2018). Reprinted with permission from AAAS.)[29]

る（**図 3.3** 参照）[79]。

3.1.2 コヒーレンス活用型

つぎの類型は光のコヒーレンスを活用する方式で，**マッハツェンダー干渉計**（Mach–Zehnder interferometer：MZI）を多用するものである。2017 年に MIT のグループは MZI を駆使した光回路を実現し，実際に音声認識に適用して大きなインパクトを与えた[80]（**図 3.4** 参照）。この研究がきっかけとなり，

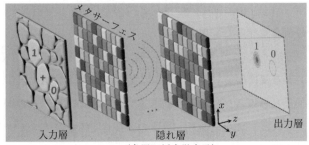

図 **3.3** 回折光学素子のカスケード接続による論理演算の実現[79]

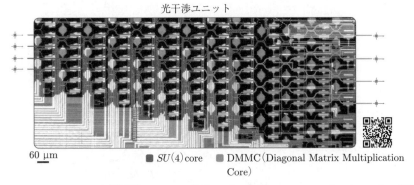

図 **3.4** MIT による平面導波路 MZI での行列ベクトル演算・ニューラルネットワークの実現（QR コードよりカラー画像を参照可能）(From Shen, Y., Harris, N. C., Skirlo, S., Prabhu, M., Baehr-Jones, T., Hochberg, M., Sun, X., Zhao, S., Larochelle, H., Englund, D. and Soljačić, M.: Deep learning with coherent nanophotonic circuits, *Nature Photonics*, **11**, 7, pp. 441–446 (2017). Reprinted with permission from Springer Nature.)[80]

Lightelligence 社[81] と Lightmatter 社[82] という 2 個のスタートアップ企業が創業している。現在では，MZI の配置をさまざまに工夫した方式が提案されているが，ここでは初期の提案（現在では Reck 型と呼ばれる）におけるアーキテクチャを基礎としてレビューする[76]。

まず，任意の $M \times N$ 行列 W は

$$W = UDV \tag{3.2}$$

と分解できる。ここで，U は $M \times M$ のユニタリ行列，V は $N \times N$ のユニタリ行列，D は $M \times N$ 行列で非対角要素は 0，対角要素は非負で降順の r 個の

特異値を持つ $(\sigma_1 \geqq \sigma_2 \geqq \cdots \geqq \sigma_r > 0)$。なお，以下ではユニタリ行列とユニタリ変換を等価な意味として用いる。

いま，この分解（式 (3.2) 参照）の光学的実現を考えるに当たり，U, V という二つのユニタリ変換の実現がまず課題になる。1994 年に Reck らは，任意のユニタリ変換はビームスプリッタと位相シフタ，およびミラーで実現できることを示した。これは，MZI と位相シフタの組合せで任意のユニタリ変換が構成できることを意味する。

つぎの任意の 2×2 のユニタリ変換を実現する MZI 回路を**図 3.5**(a) に示す[76]。

$$R(2) = \frac{1}{2} \begin{bmatrix} e^{i\alpha}(e^{i\theta} - 1) & ie^{i\alpha}(e^{i\theta} + 1) \\ ie^{i\beta}(e^{i\theta} + 1) & e^{i\beta}(1 - e^{i\theta}) \end{bmatrix} \tag{3.3}$$

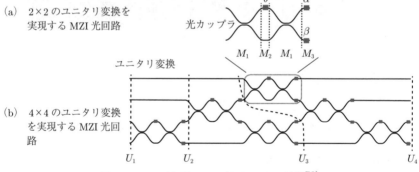

(a) 2×2 のユニタリ変換を
実現する MZI 光回路

(b) 4×4 のユニタリ変換
を実現する MZI 光回
路

図 3.5 MZI 光回路による行列ベクトル演算[76]

まず，このユニタリ変換が実際に図 3.5(a) の MZI 光回路によって実行できることを確認する。左側から光が入射し，最初の光カップラは上側の入力チャネルからの光入力のうちエネルギーとして半分，振幅としては $1/\sqrt{2}$ を上下の出力チャネルに伝送し，また，上から下のポートに移る際に $\pi/2$ だけ位相シフトする。下側の入力チャネルからの光入力に関しても同様である。すなわち，光カップラを実現する変換行列は

$$M_1 = \begin{bmatrix} \dfrac{1}{\sqrt{2}} & \dfrac{i}{\sqrt{2}} \\ \dfrac{i}{\sqrt{2}} & \dfrac{i}{\sqrt{2}} \end{bmatrix} \tag{3.4}$$

となる（1.3.5 項参照）。

つぎに，上側のチャネルに θ だけ位相がシフトされるが（1.2.6 項参照），これは行列で表現すれば

$$M_2 = \begin{bmatrix} e^{i\theta} & 0 \\ 0 & 1 \end{bmatrix} \tag{3.5}$$

に相当する。その後，再び光カップラを介したあと，上側のチャネルに α，下側のチャネルに β だけ位相シフトが与えられるが，これは行列で表現すれば

$$M_3 = \begin{bmatrix} e^{i\alpha} & 0 \\ 0 & e^{i\beta} \end{bmatrix} \tag{3.6}$$

に相当する。したがって，変換行列は全体として

$$M = M_3 M_1 M_2 M_1 \tag{3.7}$$

となり，これが式 (3.3) を与える。

つぎに，$N \times N$ のユニタリ変換だが，上記の 2×2 のユニタリ変換を組み合わせることで実現される。文献 83) で数学的証明が示されているが，ここでは Cheng らによる文献 76) にならった直感的な説明を試みる。

ここでの目標は図 3.5(b) に示す 4×4 のユニタリ行列を得ることとする。まず最初のステップとして，2 ポートのみのユニタリ変換を考える。

$$U_2 = R_{1,1} U_1 = \begin{bmatrix} 1 & 0 & 0 \\ 0 & 1 & 0 \\ 0 & 0 & R_1 \end{bmatrix} U_1 \tag{3.8}$$

ここで，R_1 は 2×2 のユニタリ行列で式 (3.3) の形式を持つ。U_1 とは何の変換も行わないことを意味する。また，式 (3.8) の変換行列において，第 1 行と第 2 行は対角要素を除いて 0 であることに注意する。

この状況から，第1ポートを不変として，変換行列の第2行，第2列にも値が生じる状況を考慮し，2×2のユニタリ行列を乗じることでユニタリ変換を実行することを考える。なお，ユニタリ変換にユニタリ変換を行ったものは再びユニタリ変換となる。

ユニタリ変換のためには

$$
R_{2,2} = \begin{bmatrix} 1 & 0 & 0 \\ 0 & R_2 & 0 \\ 0 & 0 & 1 \end{bmatrix} \tag{3.9}
$$

と

$$
R_{2,1} = \begin{bmatrix} 1 & 0 & 0 \\ 0 & 1 & 0 \\ 0 & 0 & R_3 \end{bmatrix} \tag{3.10}
$$

を順に U_2 に乗じればよく，その結果

$$
U_3 = R_{2,1}R_{2,2}U_2 = \begin{bmatrix} 1 & 0 & 0 \\ 0 & 1 & 0 \\ 0 & 0 & R_3 \end{bmatrix} \begin{bmatrix} 1 & 0 & 0 \\ 0 & R_2 & 0 \\ 0 & 0 & 1 \end{bmatrix} U_2 \tag{3.11}
$$

が3×3のユニタリ変換を与え

$$
U_3 = \begin{bmatrix} 1 & 0 & 0 & 0 \\ 0 & * & * & * \\ 0 & * & * & * \\ 0 & * & * & * \end{bmatrix} \tag{3.12}
$$

という形式となる。ここで * は何らかの値を表現しているが，第1行と第1列は対角要素以外が0になっていることに注意する。

これに対して，さらにユニタリ行列を乗じることで，4×4の行列に発展させていく。そのためには

$$R_{3,3} = \begin{bmatrix} R_4 & 0 & 0 \\ 0 & 0 & 0 \\ 0 & 0 & 1 \end{bmatrix} \tag{3.13}$$

$$R_{3,2} = \begin{bmatrix} 0 & 0 & 0 \\ 0 & R_5 & 0 \\ 0 & 0 & 1 \end{bmatrix} \tag{3.14}$$

$$R_{3,1} = \begin{bmatrix} 1 & 0 & 0 \\ 0 & 1 & 0 \\ 0 & 0 & R_6 \end{bmatrix} \tag{3.15}$$

というユニタリ行列を順に U_3 に乗じればよく

$$U_4 = R_{3,1}R_{3,2}R_{3,3}U_3 = \begin{bmatrix} 1 & 0 & 0 \\ 0 & 1 & 0 \\ 0 & 0 & R_6 \end{bmatrix} \begin{bmatrix} 1 & 0 & 0 \\ 0 & R_5 & 0 \\ 0 & 0 & 1 \end{bmatrix} \begin{bmatrix} R_4 & 0 & 0 \\ 0 & 0 & 0 \\ 0 & 0 & 1 \end{bmatrix} U_3 \tag{3.16}$$

となる。

したがって全体として

$$U_4 = R_{3,1}R_{3,2}R_{3,3}R_{2,1}R_{2,2}R_{1,1} \tag{3.17}$$

が 4×4 のユニタリ変換を与える。全部で 6 個の 2×2 のユニタリ変換を含む行列 R が表れているが，これは 6 個の MZI が必要であることを意味している。

一般の N ポートのユニタリ変換は

$$\underbrace{R_{N-1,1}R_{N-1,2}\cdots R_{N-1,N-1}}_{N-1\,\text{ポート}}\cdots\underbrace{R_{3,1}R_{3,2}R_{3,3}}_{4\,\text{ポート}}\underbrace{R_{2,1}R_{2,2}}_{3\,\text{ポート}}\underbrace{R_{1,1}}_{2\,\text{ポート}} \tag{3.18}$$

で与えられ，R の個数が $(N-1)N/2$ であることがわかる。

式 (3.2) における V もユニタリ行列なので，同様の手順で実現することができる。式 (3.2) における D は，ユニタリ変換後の各要素の振幅を操作することに相当する。特に，最大特異値 σ_1 を 1 以下とする規格化を行えば，これは光の透過率を制御することで実現できる。

3.1.3　波長多重活用型

波長多重を用いる行列ベクトル演算では，積和演算 $\sum_i w_i x_i$ において，積演算 $w_i x_i$ を波長ごとに行うことが一つのポイントである[84),85)]。**図 3.6** の左に示すように入力信号 x_i を波長 λ_i で表し，これを合波器で波長多重化する。図 3.6 では 4 個の波長を用いる例が示されている。波長多重化された光は**リング共振器**（optical ring resonator）のアレーに接続される。リング共振器は，特定の波長の光のみを抽出して透過させる機能を持ち，またその透過率を制御することができる。波長 λ_i の光に対応したリング共振器の透過率を w_i とすれば，入力信号 x_i に対して，$w_i x_i$ の光が透過することになる。同様の効果が他の波長の光に対しても生じることになり，これらの透過光を一つの光検出器でまとめて検出すると $\sum_i w_i x_i$ が得られる。

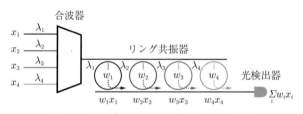

図 3.6　波長多重活用型の行列ベクトル演算

異なる波長間の光が干渉しない――インコヒーレント――であることを前提としており，その上でこの和演算が成り立っていることに注意が必要である（1.2.4 項参照）。

以上のように，各波長における入力光とリング共振器との結合と，光検出器によるエネルギーの和の検出という物理的機構を用いるのが波長多重活用型の

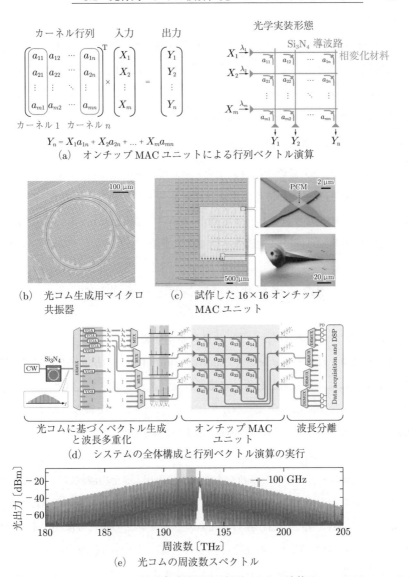

(a) オンチップ MAC ユニットによる行列ベクトル演算

$$Y_n = X_1 a_{1n} + X_2 a_{2n} + \dots + X_m a_{mn}$$

(b) 光コム生成用マイクロ共振器

(c) 試作した 16×16 オンチップ MAC ユニット

(d) システムの全体構成と行列ベクトル演算の実行

(e) 光コムの周波数スペクトル

図 3.7 photonic tensor core：波長多重活用型の行列ベクトル演算 (From Feldmann, J., Youngblood, N., Karpov, M., Gehring, H., Li, X., Stappers, M., Le Gallo, M., Fu, X., Lukashchuk, A., Raja, A. S., Liu, J., Wright, C. D., Sebastian, A., Kippenberg, T. J., Pernice, W. H. P. and Bhaskaran, H.: Parallel convolutional processing using an integrated photonic tensor core, *Nature*, **589**, 7840, pp. 52–58 (2021). Reprinted with permission from Springer Nature.)[88]

骨格となっている。

　実際の行列ベクトル演算では，上記の積和演算を要素としてこれを並列に配置した構造などが示されている[86]~[89]。**図 3.7** に Munster 大学などが試作した photonic tensor core と呼ばれるシステムを示す。図 3.7(a) に示すように，入力 X_i は結合係数 a_{ij} を介して出力チャネル Y_j につながる経路と結合し，Y_j は $\sum_{j=1}^{m} a_{ij} X_i$ で与えられる。photonic tensor core では，**光コム**（optical frequency comb）と呼ばれる大量の周波数の光を一括して生成する技術が用いられるなど（図 3.7(e) 参照），最新の波長多重化技術が駆使されている。入力 X_i に対しては異なる波長の光が投入され，"On-chip MAC（multiply-accumulate）unit"（図 3.7(d) 参照）は同時に複数の行列ベクトル演算を行う。

3.2　光リザーバコンピューティング

3.2.1　リザーバコンピューティングの基本構造

リザーバコンピューティング（reservoir computing）の**リザーバ**には，水槽，ため池などのニュアンスがある。水槽でコンピューティングとはどういうことか？　この概念を，田中が文献[90] で示したアナロジーを参考に示す。いま，**図 3.8**(a) (i) のように水槽に石が投げ込まれた状況を考える。このとき，水槽には投げ込まれた石の大きさなどに依存して波紋が生じる。この状況で第 2 の石が投げ込まれると，その石が新たな波紋を生み出し，その波紋は第 1 の石が生み出した波紋と干渉する（図 3.8(a) (ii) 参照）。ここで生み出された干渉パターンは，第 1 の石と第 2 の石が投げ込まれたタイミングのずれも反映することになる。以下同様に，第 3 の石が投げ込まれれば，それが波紋を生み出すとともに，新たに第 1，第 2 の石の波紋との干渉を生み出す（図 3.8(a) (iii) 参照）。

　リザーバコンピューティングのアイデアは，この波紋の情報を手掛かりとして，逆にどのような石がいつどこに投げ込まれたかを分類・認識し，ひいては，将来どのようなパターンが生じるかを予測してしまうというものである。

(i)   (ii)   (iii)

(a) 水槽に投げ込まれた石による波紋の発生と干渉

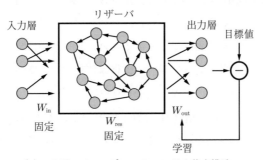

(b) リザーバコンピューティングの基本構造

図 **3.8** リザーバコンピューティングの原理[90]

　ここで鍵になっているのは，水槽のなかの水が大量の自由度を保持した存在であって，入力となる投じられた石の時空間の履歴を，波紋という形で記憶・蓄積することである。また，履歴を保持する水槽のなかの水に対しては，外部のシステムから特段の制御はしていないことにも注意する必要がある。このように，リザーバコンピューティングでは，入力を高次元の空間に射影し，そこから情報を取り出すという構造を基本的アイデアとしている。

　リザーバコンピュータの基本構造を図 3.8(b) に示す。入力信号は結合 W_{in} を介してリザーバと接続される。リザーバ内は結合 W_{res} でノード間が接続され，リザーバと出力層が結合 W_{out} で接続される。リザーバ内では，自らの出力が再び自らに戻る経路があり，これを自己回帰型や再帰型，あるいはリカレント型のネットワークと呼ぶ。このため，過去の入力に依存した情報処理，例えば時系列予測や時系列間の因果推論などの時系列処理に対して高い性能を示すことが知られている。

　リザーバコンピューティングでは，入力層・リザーバ間およびリザーバ内の結

合は固定し，リザーバと出力層の間の結合 W_{out} のみを学習で調整する。この
アプローチは，Jaeger らによって提案された echo state network [91] と Maass
らによって提案された liquid state machine [92] を源流としている。

　リザーバコンピューティングは，リカレントニューラルネットワークの一種
であるが，従来のそれは W_{in} と W_{res} も学習の対象とし，再帰的な構造を持つこ
とから学習が困難という課題があった。これに対し，リザーバコンピューティ
ングでは出力層のみを学習の対象とすることから，最小二乗法やリッジ回帰な
どの簡単な線形回帰で学習を実現でき，従来法に比べて学習の処理が大幅に簡
素化された。

　また，リザーバにおける結合 W_{res} が一定ということは，前述の水槽の例にも
示されるように，物理系をそのままリザーバとして用いる——物理リザーバコ
ンピューティング——への強い動機付けを与える。

　実際，物理リザーバコンピューティングとしては，このあと紹介する光を用
いたリザーバコンピューティング（**光リザーバコンピューティング**（optical
reservoir computing ））以外にも，結合振動子[93]，スピン系[94]，ソフトマテ
リアル[95] などの多様な系が研究されている。光リザーバコンピューティン
グ[96],[97] では，光の広帯域性（1.2.2 項参照）やレーザ物理における複雑ダイナ
ミクス（1.3.2 項参照）などを活用できることから，高速性という観点で大きな
効果を発揮すると考えられる。

3.2.2　時間遅延型

　光リザーバコンピューティングについて，今日ではさまざまな構造が提案さ
れているが[98]，初期から検討され，現在も発展している構成に時間遅延を用い
る形態がある[99]。1.3.2 項で議論したように，戻り光によってレーザは複雑な
ダイナミクスを示す。これをリザーバとして活用する。

　以下，その詳細を説明する。リザーバ内の各ノードを時間遅延ループにおい
て観測タイミングをずらすことで，リザーバとしての機能を実現する。これは
仮想ノードと呼ばれる（**図 3.9**(a) 参照）。ノード間隔を θ，ノードの個数を N

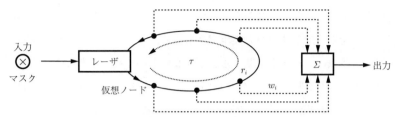

(a) 時間遅延型光リザーバコンピューティングの原理

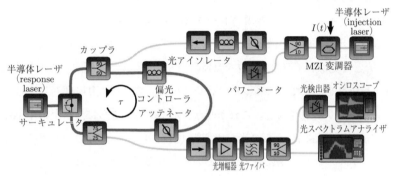

(b) 戻り光を有する半導体レーザを用いた光リザーバコンピューティング

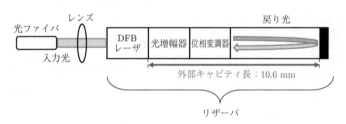

(c) 光集積回路を用いた光リザーバコンピューティング

図 3.9 時間遅延型光リザーバコンピューティング
の構成例[101),102]

とすると，遅延時間は $\tau = N\theta$ で与えられる．時間方向にノードを仮想的に設置することから時間多重方式とも呼ばれる．実験的には，時間遅延ループ上の信号を観測し，仮想ノード i に対応した時刻 t_i での信号 r_i をリザーバの出力とし，仮想ノードと出力の間の重み w_i を学習の対象とする．入力信号とリザーバの間の結合 W_{in} は，入力信号に対してノード間隔 θ ごとにランダムに値を変化させたマスク信号を乗じることで実現する．

　以上に示した時間遅延型の光リザーバコンピューティングでは，単体のレーザと戻り光のみでリザーバを実現できるため，ネットワークを構成するために物理的に多数のノードを用意する必要がないという利点がある。

　戻り光を有する半導体レーザを用いた光リザーバコンピューティングは，2013年にスペインの Fischer らのグループにより初めて示され[100]，その後，情報処理性能の詳細な分析などが示されている[101]。図 3.9(b) は文献 101) の実験システムの構成図である。左端の半導体レーザ（response laser）が，戻り光の影響を受けるレーザである。当該レーザからの出射光は，サーキュレータ（1.3.6 項参照）を介して光ファイバのループを反時計回りに進行する。周回してきた光はサーキュレータを介して半導体レーザに戻るので，これにより時間遅延フィードバックループが実現される。これがリザーバである。さらに，右上の半導体レーザ（injection laser）からの光が変調器（MZI 変調器）およびカップラを介して，光ファイバのループに投入されている。変調器に対しては，前述のマスク信号を重畳した信号が入力される。これにより，入力層に相当する結合 W_{in} が実現される。

　時間遅延部分を光ファイバではなく，光集積回路によって構成する試みも示されている。文献 102) では，図 3.9(c) のように，DFB 半導体レーザと光増幅器，位相変調器，導波路，ミラーを一体化した光リザーバコンピューティングが示されている。この手法では，遅延部（外部キャビティ）の全長が 10.6 mm となり，仮想ノードの数を大きくできないという制約が生じるが，複数回の周回遅延を仮想ノードとみなすなどの手段により，従来手法と遜色のない性能が得られることが示されている[102]。

　リザーバコンピューティングでは，時系列の予測がベンチマークとしてしばしば用いられる。なかでも，Santa Fe 時系列と呼ばれる赤外線レーザのカオス時系列の予測は頻繁に用いられ，時系列上の 1 ステップ先の信号レベルを予測し，それが実際とどの程度合っているかが判定の指標となっている。**図 3.10** に文献 102) で示された実験例を示す。図 3.10 の上段に示すように，元の Santa Fe 時系列は突然信号レベルが低下することがあるが，光リザーバコンピューティン

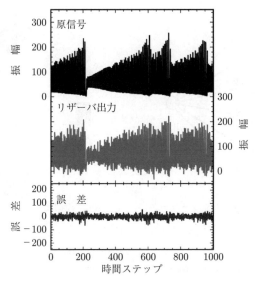

図 3.10 光リザーバコンピューティングによる
時系列の予測実験例[102]

グはこれを良好に予測することができ，元の信号が突如大きく変化する場合につ
いてもうまく予測をしていることがわかる。実際，リザーバコンピューティング
による予測と本来の信号の差は，十分小さなレベルに維持されている（図 3.10
下段参照）。

3.2.3 空間並列型

光の空間並列性（1.2.3 項参照）を生かす光リザーバコンピューティングは，
リザーバコンピューティングの基本構造（図 3.8 参照）をほとんどそのままの
形で実現する。

Bueno らは，文献 103) において，**図 3.11**(a) に示すリカレントニューラル
ネットワークを図 3.11(b) に示すシステムで具現している。図 3.11(b) の右上
の半導体レーザ（LD）からの光は，ビームスプリッタ（BS）および偏光ビーム
スプリッタ（PBS）を介して空間光変調器（SLM）に入射する。ここで，外部入
力信号による変調が空間並列的に行われる。各空間位置がリザーバのノードに

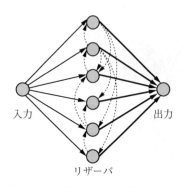

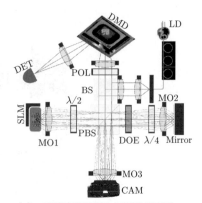

（a）　リカレントニューラルネットワーク

（b）　空間光変調器と回折光学素子
　　　を用いた空間並列型光リザー
　　　バコンピューティング

図 3.11　空間並列型光リザーバコンピューティングの構成例[103]。POL：polarizer,
MO1〜MO3：microscope objectives, CAM：camera。

対応することになる。入力信号で変調された光は**回折光学素子**（DOE）（1.3.7
項参照）を介して，画素と画素の間の相互結合を生み出す。このような相互結合
を介した光は PBS，BS を通過後，図の下部の CMOS カメラ（CAM）に入射
し，光強度分布が取得される。カメラで取得した光強度分布の情報は，SLM に
フィードバックされ，変調信号として用いられる。また，SLM から反射された
光の一部は**ディジタルマイクロミラーデバイス**（digital micromirror device：
DMD）で変調された後，レンズにより集光されて光検出器（DET）で検出さ
れる。DMD による光変調が出力層での重み係数の付与を並列的に実現し，レ
ンズによる集光がその和演算を実行することになる。文献 103) では，実験的に
900 ノード（30×30）の光リザーバコンピューティングを実現しており，シミュ
レーションでは 90 000 ノードも可能と論じている。さらに，本手法と CPU や
GPU を用いた場合とで計算速度を比較し，ノード数が大きくなると，並列演算
が可能な本手法の方が，高速に情報処理が可能であると報告している[104]。

　本手法は，光の空間並列性の利活用という観点では，1980 年代の光コンピュー
ティングと同様の構造を含んでいるといえるが，SLM, DOE, DMD などの技
術の完成度は当時に比べて飛躍的に向上している。これが，現代において初め

て空間並列型の光リザーバコンピューティングを実現可能にした大きな要因の一つであると思われる。また，リザーバコンピューティングという概念も 1980 年代にはなかった考え方であり，本手法はそれと光を結び付けたアーキテクチャとなっていることも見逃せない。

3.2.4　導波路型

比較的近年に勃興したのが導波路型の光リザーバコンピューティングである。文献 105) において，Sunada らは**図 3.12**(a) の右に示すように，中心部にカットスルーする経路を含むリング型の**マルチモード光導波路**（multimode waveguide：MMWG）をリザーバとして用いる光リザーバコンピューティング

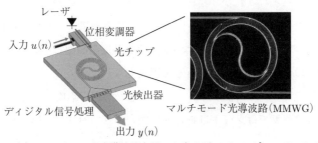

（a）　マルチモード光導波路を用いた光リザーバコンピューティング

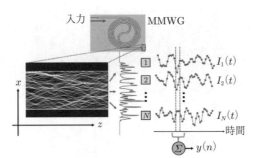

（b）　光導波路の出力部における光波伝搬の様子（数値シミュレーション結果）

図 3.12　導波路型光リザーバコンピューティングの
構成例[105]

を提唱し，実証した。

この導波路は，マルチモード導波路のため複数のモード間の干渉を促進する効果があり，さらに中心部のS字型のショートカットによっても新たな干渉が生じる。また，ループ構造となっているので，過去の状態がデバイス内にある程度滞留することになり，これも伝搬の複雑さを生み出すことにつながっている。図3.12(b) の左下は光導波路の出力部における光波伝搬の様子を数値シミュレーションで再現したものである。モード間干渉などにより，複雑なスペックルパターン（speckle pattern）が生じていることがわかる。これらの特徴に基づき，Sunada らはこのスペックル場を**光ニューラルフィールド**（photonic neural field）と呼んでいる。

図3.12(a) に示すように，入力信号は，レーザ光を位相変調器によって変調することで与えられる。これがリザーバコンピューティングの W_{in} に相当する。リザーバは，上記のリング状のマルチモード光導波路によって与えられる。出力部では N 個の空間位置（実験では8個）で光強度を観測し，あるタイミングにおける信号の荷重和により出力信号を構成する。

時間遅延型では一つの計測ポイントから仮想ノードを構成する必要があったが，上記の導波路型ではノードは物理的に固定されており，原理的および概念

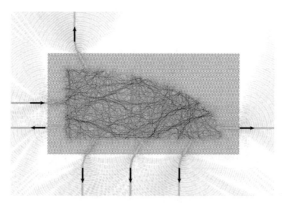

図 3.13　導波路型光リザーバコンピューティングの
構成例：フォトニック結晶共振器における複雑な
光経路の生成（数値シミュレーション結果）[106]

的には複数のノードの信号を直接評価できる。積和演算は，図 3.12(a) のように ディジタル信号処理によって実現でき，さらに光学的手法を導入することも 可能である。

　また，文献 106) では，**フォトニック結晶**（photonic crystal）という波長よ りも小さなスケールの複雑な光の共振器構造を作り込み，これをリザーバとし て用いる研究例も示されている。**図 3.13** はその数値シミュレーション結果を 示しており，フォトニック結晶中に複雑な光の経路が構成されている様子がわ かる。これも導波路型のリザーバコンピューティングの一種といえる。

3.2.5　リザーバの構成方式の拡張

　近年，複数のリザーバを組み合わせて性能向上を図る研究が行われている。 Hasegawa らは，時間遅延型（3.2.2 項参照）のリザーバを「単一」の要素として （**図 3.14**(a) 参照），この単一のリザーバを並列に組み合わせる構成（同図 (b) 参照），単一のリザーバをカスケード接続する深層型の構成（同図 (c) 参照），並 列構成と深層構成を組み合わせたハイブリッド構成（同図 (d) 参照）について， 性能の比較評価を行った[107]。

　Santa Fe 時系列予測タスクに対する性能評価結果を**図 3.15**(a) に示す。性能

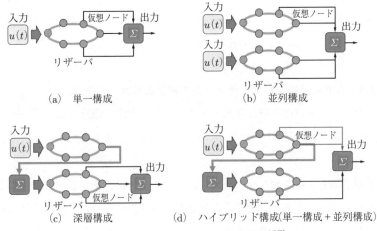

(a)　単一構成　　　　　　　　　　(b)　並列構成

(c)　深層構成　　　　　(d)　ハイブリッド構成(単一構成＋並列構成)

図 3.14　リザーバの構成方式の拡張[107]

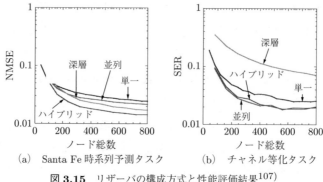

(a) Santa Fe 時系列予測タスク   (b) チャネル等化タスク

図 3.15 リザーバの構成方式と性能評価結果[107]

は，規格化平均二乗誤差（normalized mean square error：MMSE）のノード数に対する依存性として評価されている。これによると，ノード数大のときには「ハイブリッド」「深層」「並列」「単一」の順に性能が優れることがわかる。

チャネル等化タスクと呼ばれる別のタスク（ひずんだ信号から元の信号を復元するタスク）に対する性能評価結果を図 3.15(b) に示す。**符号誤り率**（symbol error rate: SER）に関して，ノード数大のときには「ハイブリッド」と「並列」がほぼ同等の性能を示し，ついで「単一」の性能が優れ，「深層」の性能が最も悪いことがわかる。

このように，タスクに依存してリザーバコンピューティングの性能が異なっているが，「ハイブリッド」型の構成はいずれに対しても優れた性能を発揮している。「並列」と「深層」の両者の特徴を併せ持つためと考えられている[107]。

3.2.6 リザーバコンピューティングの機能の拡大

前項ではリザーバの構成に関する拡張を議論したが，最近ではリザーバコンピューティングの機能についても，時系列予測にとどまらない新たな展開が示されている。

時系列予測を学習させたリザーバにおいて，その出力をつぎの入力信号としてフィードバックすると，その出力は 2 ステップ先の出力の予測信号とみることができる。この操作を繰り返すことで，リザーバ学習した力学系を再生する

ことができる。例えば，カオスのアトラクタを教師信号として与えることで，アトラクタの再生が可能であることが示されている。ここでアトラクタとは力学系において過渡状態を経た後に定常的に観察される状態であり，時間発展する軌道を引き付ける性質を持った相空間上の領域として表現される。

さらに，Röhm らは，教師信号として用いていないアトラクタを，学習後のリザーバが生成できることを示している。すなわち，「まだ見ていない」（unseen）アトラクタをリザーバが想起できることを示した（**図 3.16** 参照）。この結果は，リザーバコンピューティングが力学系の性質を学習し，自律的なデータの生成機能を有していることを示している。データ生成の新たな形を示唆している点が非常に興味深い[108]。

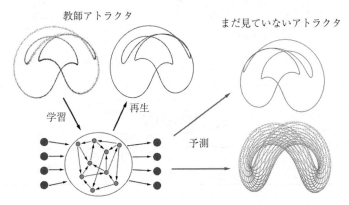

図 3.16　リザーバコンピューティングを用いた「まだ見ていない」アトラクタの想起機能（Reprinted from Lim, A.：AI may help predict previously unseen states in dynamical systems, *Scilight*, **2021**, 44, p. 441103 (2021), with permission of AIP Publishing.）[109]

3.3　イジングマシン

3.3.1　イジングモデルの基底状態探索

イジングモデル（Ising model）とは，相互作用するスピン系の振舞いを表す統計力学上のモデルである。スピンは上向き（$\sigma_i = +1$）と下向き（$\sigma_i = -1$）のいずれかの状態をとり，スピン σ_i とスピン σ_j の間には相互作用 J_{ij} が存在

するとする。一般には，スピン σ_i には外部磁場 h_i が加わっているとするが，本書では簡単化のために割愛する。**図 3.17**(a) では 3×3 個のスピンが格子状に配列されている。このとき，システム全体のエネルギーは

$$H(\sigma_1, \cdots, \sigma_N) = -\sum_{i,j} J_{ij}\sigma_i\sigma_j \tag{3.19}$$

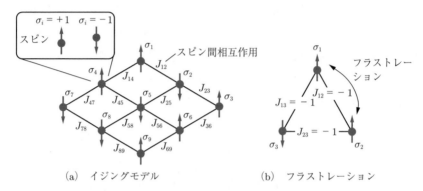

(a) イジングモデル   (b) フラストレーション

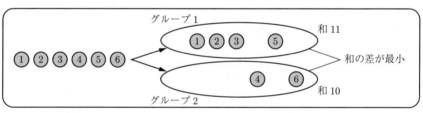

(c) 数分割問題

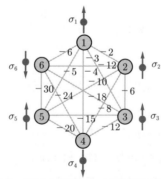

(d) 図(c)に対応したイジングモデル

図 3.17 イジングモデルの基底状態探索

で与えられる。

　ここで，式 (3.19) を最小化する $\sigma_i, \cdots, \sigma_N$ を求める問題を，**イジングモデルの基底状態探索**（ground state search of Ising model）と呼ぶ。さまざまな組合せ最適化問題は，イジングモデルの基底状態探索問題に帰着できることが知られている。

　組合せ最適化問題は多数の選択肢の中から最適な組合せを見つける問題だが，選択肢の増大に伴って組合せの数が爆発的に増大する。従来のコンピュータが苦手とする分野である。セールスマンが最小コストで N 都市を重複なく訪問する経路を発見する巡回セールスマン問題など，さまざまな最適化問題をイジングモデルの対象とすることができる。特に最近では，大規模で複雑なデータを扱う社会課題に対して最適な答えを瞬時に導き出す必要性が高まっており，人材活用，資源の有効活用，資源の適正配分などの観点から，運輸・交通，エネルギー，通信，医療，製造など多様な分野で最適化問題の重要性が高まっている。

　例えば，人材活用の方面では，企業における従業員の勤務シフトの最適化に展開されている[110]。従業員の個別の希望や事情を考量しつつ，企業としての業務が適切に遂行できるだけのマンパワーを確保しなければならないが，この最適化問題を瞬時に解くことは容易ではない。また，携帯電話網における周波数の割当て[111] や，損害保険におけるポートフォリオ設計などへの応用が進められている[112]。

3.3.2　フラストレーション

　イジングモデルの基底状態探索問題はいくつかの難しさをはらんでいる。一つは**フラストレーション**（frustration）と呼ばれる状況である。図 3.17(b) に示す 3 個のスピンからなるシステムで説明する。このシステムでは，スピン間の相互作用は $J_{ij} = -1$ と与えられている。したがって，隣接する 2 個のスピンのみに着目すると，これらのスピンがたがいに異なっていることが全体のエネルギーの低減に寄与する。実際，σ_1 と σ_3，σ_2 と σ_3 はたがいに異符合となっている。ところが，σ_1 と σ_2 は共に $+1$ となっており，符合がそろってしまっ

ている。逆に，σ_1 と σ_2 を異符号となるように設定すると，今度は別のペアが同符号に陥ってしまう。この三角形の状況では，すべてのペアを異符号としつつ局所的なスピン配列を局所的な相互作用と適合させることができない。このような状況をフラストレーションと呼ぶ。

3.3.3 組合せ爆発

　もう一つは**組合せの数の爆発**（combinatorial explosion）であり，可能な組合せの数があまりにも膨大になるという問題である。具体例として**数分割問題**（number partitioning problem）を取り上げる。数分割問題とは，N 個の実数 $n_1, \cdots, n_N$ を各組の和の差が最小となるように二組に分ける問題である。

　図 3.17(c) の具体例では，整数 $\{1, 2, 3, 4, 5, 6\}$ を二組に分ける局面を示しており，正解は $\{1, 2, 3, 5\}$ と $\{4, 6\}$ に分けることである。前者の和は 11，後者の和は 10 となり，その差が最小値 1 となる。

　この問題は，イジングモデルの基底状態探索問題に帰着することができる。おのおのの数 n_i について，グループ 1 に割り当てるときは $\sigma_i = +1$，グループ 2 に割り当てるときは $\sigma_i = -1$ とする。このとき，グループ 1 の和からグループ 2 の和を引いた数は，$\sum_i n_i \sigma_i$ となる。

　したがって，この差の二乗を最小化すればよく

$$\left(\sum_i n_i \sigma_i \right)^2 = \sum_i n_i^2 + 2 \sum_{i<j} n_i n_j \sigma_i \sigma_j \tag{3.20}$$

を最小化すればよいことになるが，式 (3.20) の第 1 項は定数であり，第 2 項は

$$-\sum_{i<j} (-n_i n_j) \sigma_i \sigma_j \tag{3.21}$$

に比例する。すなわち，数分割問題とは，スピン σ_i と σ_j の間の相互作用が $-n_i n_j$ であるイジングモデルの基底状態探索問題となることがわかる。

　図 3.17(d) は，前述の具体例に対応したイジングモデルを示している。この具体例では要素数が 6 個であり，可能な組合せは $2^6 = 64$ 個と大規模ではない。

しかし，要素数が 100 個のときはおよそ 10^{30} 個，要素数が 1 000 個のときはおよそ 10^{301} 個にもなり，1 秒間に 100 G 個の処理が可能（一つの組合せを 10 ps で処理）と仮に想定したとしても，しらみつぶしに計算すると 10^{282} 年以上の時間がかかってしまう。すなわち，組合せ爆発が引き起こされる。

なお，前述の「数分割問題」は "the easiest hard problem"，いわば「簡単そうに見えながらきわめて困難な問題」として知られている[113]。実用的にも，CPU におけるスケジューリング問題や LSI（large scale integration）における配置配線問題につながっている。

3.3.4　シミュレーテッドアニーリング

このように，組合せ最適化問題を総当たりに解くことは実際上不可能であり，一方で局所的にエネルギー関数が極小となる局面が頻繁に生じるため，エネルギー関数の真の最小値を求めることは容易ではない。

そこで考案されたのが，**シミュレーテッドアニーリング**（simulated annealing：SA），焼なまし法と呼ばれる手法である。SA では，局所解に陥ってしまうことを避けるために，スピンの配置を更新したときに，エネルギー関数が悪化（増大）してしまう場合にも，適当な確率でそのスピンの更新を有効とする。そして，そのような選択は特に序盤において頻繁に引き起こし，時間の経過とともに低減させる。これが「焼なまし」と呼ばれるゆえんである。

近年，このような焼なましに相当するプロセスを物理的に実現する取組みが活発化している（**表 3.1** 参照）。D-Wave Systems 社の量子アニーリングは超伝導を用いている[114]。日立製作所は，半導体集積回路をイジングモデルに特化した形で構成した CMOS アニーリングを推進している[115]～[117]。CMOS ア

表 **3.1**　物理過程を活用するイジングマシンの例

名　称	研究開発者	物理基盤
量子アニーリング	D-Wave Systems	超伝導
CMOS アニーリング	日立製作所	カスタム LSI
コヒーレントイジングマシン	NTT，Stanford 大学	光
空間光イジングマシン	Rome 大学ほか	光

ニーリングでは，FPGA（field programmable gate array）やカスタム LSI の
ほかソフトウエアの形態でも実装されている[118]。

3.3.5 コヒーレントイジングマシン

NTT と Stanford 大学のグループは，光を用いてイジングモデルの基底状態
探索を実現している[119]〜[121]（**図 3.18** 参照）。ここでは，**縮退パラメトリック
発振器**（degenerate optical parametric oscillator：DOPO）と呼ばれる光発
振器を用いている[122], [123]。DOPO から出力されるレーザ光の位相には，発振
閾値以下では完全にランダムな位相状態となり，外部からの利得上昇によって
発振閾値を超える際に 0 位相または π 位相のいずれかとなる性質がある。これ
をイジングモデルの $\sigma_i = +1$ か $\sigma_i = -1$ に対応させる。相互作用 J_{ij} は外部
の FPGA によって調整される。レーザ発振の閾値付近にてわずかな光利得の

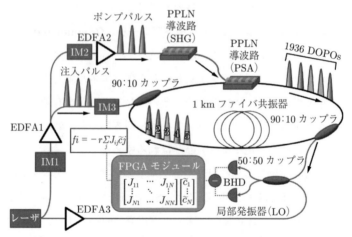

図 3.18 コヒーレントイジングマシン[121]。DOPO：degener-
ate optical parametric oscillator, PPLN：periodically poled
lithium niobate, SHG：second harmonic generation, PSA：
phase-sensitive amplifier, EDFA：erbium-doped fiber am-
plifier, BHD：balanced homodyne detector, IM：intensity
modulator, FPGA：field programmable gate array, LO：
local oscillator。

変化に対しても鋭敏にレーザが反応することを，イジングモデルの基底状態探索に活用している。

3.3.6　空間光並列イジングマシン

Rome 大学らのグループは，空間光変調器（SLM）を用いて光の並列性を生かすイジングモデルを探求している[124),125)]（**図 3.19** 参照）。SLM の各画素における位相変調によって，イジングモデルの $\sigma_i = +1$ か $\sigma_i = -1$ を表現する。相互作用 J_{ij} は振幅変調された外部からの光照射によって実現する。SLM からの反射光を CCD（charge coupled device）イメージセンサで検出するが，これがイジングモデルの全エネルギーの計算に相当する。イメージセンサでの検出パターンに応じて SLM 上のイジングモデルを更新することで，基底状態探索を実現する。

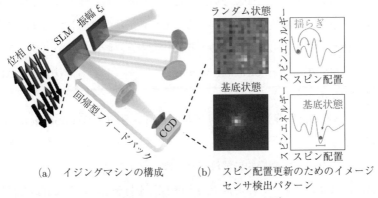

（a）　イジングマシンの構成　　（b）　スピン配置更新のためのイメージセンサ検出パターン

図 3.19　空間光並列イジングマシン[125)]

光の空間的並列性の利活用は，1980 年代の光コンピューティングの研究において中心的に探求されたが，SLM の技術的進歩とイジングモデルによる組合せ最適化という現代的色彩を伴って，光の並列性が再び活用されていることは非常に興味深い。

3.4 強化学習，意思決定

AI における重要課題である**強化学習**（reinforcement learning）や**意思決定**（decision making）[126] とは，「動的に変化する環境下での適切な判断」である。意思決定は，無線通信における周波数割当ての効率化[127]，モンテカルロ木探索[128]，自動運転・ロボットなどの運輸・交通・生産といった多くの重要な応用の基礎にあることから，近年活発な研究が行われている。

意思決定問題の基盤に，当たり確率の未知なスロットマシンからの獲得報酬を最大化する問題——**多本腕バンディット問題**（multi-armed bandit problem：MAB）がある。報酬の最大化には，いずれのマシンを選択するのが有利かを知るための探索（試し打ち）が必要になるが，過度な探索は損失を伴い，他方で性急な判断は良い選択を逃しかねない。さらに，当たり台が時々刻々と変化する可能性——不確実な環境変化——があることから，状況に応じて自律的に意思決定を変化させる必要もある。このように，探索と決断に難しいトレードオフがある（exploration-exploitation dilemma）。本書では，意思決定とは MAB の解決を指し示すものとする。

これまで既存の計算機上のアルゴリズム（softmax 法, UCB（upper confidence bound）法など）[129]~[131] として取り組まれていた意思決定問題を，物理系のダイナミクスを用いて直接的に解決できれば，フォンノイマンボトルネックと呼ばれる従来コンピュータの限界（2.2 節参照）を打破し，新たな価値を提供できる可能性がある。特に，光の極限性能を追求すると，光の高帯域性や光と物質との相互作用などの物理系に固有の特長を生かした，新たなコンピュータシステムの構造や機能が見えてくる。

本節では，光を用いた物理的な意思決定のなかで注目を集めている

- 単一光子を用いた光の素励起レベルの意思決定
- レーザカオスを用いた超高速意思決定
- カオス的遍歴を用いた意思決定

● もつれ光子を用いた協力的意思決定

に関して，研究の概要を示す。

3.4.1 単一光子を用いた意思決定

MAB の困難さは，選択肢の数が多くなったときに際立ってくるが，選択肢がわずか 2 個の場合でもその解決は相当に難しい。単純には，直近の選択で数多く当たった方の台を引き続ければ良いと考えがちだが，それは単なる偶然であり，「本当に良い台（当たり確率の高い台）は逆側の台だった」ということは容易にあり得る。すなわち，「反対側の台の方が実は良いのかもしれない」という「反省の契機」を適度に保ちながら決断を進めていくことが必要である。

Naruse らは，このような適度な反省の契機を保ちながら決断を進めるという構造が，**単一光子**の粒子性と確率性を用いて物理的にかつ直接的に実現できることを見いだし，ナノダイヤモンドを単一光子源とした独自の実験システムで実証した[132), 133)]。**図 3.20**(a) に示すように，水平方向に対して 45 度傾いた偏光を有する単一光子が偏光ビームスプリッタ（PBS）に入射したとする。このとき，1.2.5 項で述べたように，単一光子は，PBS によって確率 1/2 で光検出器 1 または光検出器 2 に向かい，単一光子の粒子性のため，いずれかのチャネルにおいて必ず観測される。PBS に対してほとんど垂直の偏光（V）を有する単一光子が入射したときは，ほとんど 1 の確率で光子は光検出器 1 で検出され，他方で PBS に対してほとんど水平（H）の偏光を有する単一光子が入射したときは，ほとんど 1 の確率で光子は光検出器 2 で検出される。提案システムでは，光検出器 1 で光子が検出されたときはスロットマシン 1 を選ぶ意思決定がなされたとし，光検出器 2 での光子検出はスロットマシン 2 を選択する意思決定と対応付ける。したがって，意思決定の基本戦略は「良い台」と考える側に向けて，半波長板を回転させて単一光子の偏光を制御することになる。

ここで重要なことは，前述の「反省の契機」である。単一光子の確率的性質により，光子には「逆側のチャネル」で検出される可能性が残されている。例えば入射偏光が水平に近付けば，光検出器 2 により光子検出される確率が上昇

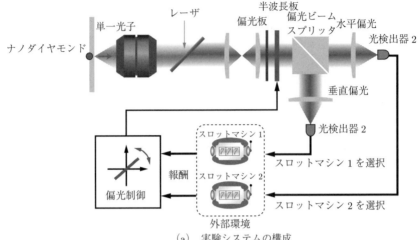

（a） 実験システムの構成

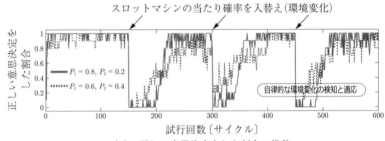

（b） 正しい意思決定をした割合の推移

図 **3.20** 単一光子を用いた意思決定[132]

するが，逆側での光子検出の確率は完全に 0 にはならない。特に，偏光が 45 度
の近傍では完全にランダムとなり，探索行動が自然に実現される。このように，
情報としての量子化が単一光子の量子性で実現されている。なお，光子が単一
光子ではなく古典光であった場合は，光検出器 1 および 2 で検出される光強度
の比に基づいて計算機上で作成した擬似乱数を使わなければ，二つの選択肢か
ら一つを選ぶという意思決定を実現できない。

　実験では，単一光子源としてナノダイヤモンド中の窒素欠陥を用い，偏光板，
半波長板，および PBS を通過した光子を 2 チャネルの単一光子検出器で計測し
ている。選択したスロットマシンからの報酬に基づいて半波長板の回転角を調

節し，単一光子の偏光状態を制御する。図 3.20(b) は代表的な結果の例で，横軸はスロットマシンの試行回数，縦軸は「正しい意思決定」をした割合（報酬確率が高い方のスロットマシンを選択した割合）を示す。最初の 150 サイクルでは，スロットマシン 1 と 2 の報酬確率はそれぞれ 0.8，0.2 と設定してある。よって，スロットマシン 1 の選択が「正しい意思決定」となる。実線で示すように時間の経過とともに 1 に漸近している様子がわかる。さらに，環境が不確実に変化することを表現するため，150 サイクルごとにスロットマシン 1 と 2 の報酬確率を反転（0.8 を 0.2 に，0.2 を 0.8 にスイッチ）させた。この結果，報酬確率の反転直後に成績は低下するものの，時間の経過とともに回復し，1 に漸近している。これは，システムが自律的に環境変化を検知し，正しい意思決定を実現していることを示す。点線はスロットマシンの報酬確率を 0.6 と 0.4 に設定した場合の結果である。報酬確率の差が小さいため，より難易度の高い意思決定課題を設定したことに対応する。成績はやや低下するものの，依然として自律的に正しい意思決定を実現していることがわかる。

　ここで，あとの準備のため，数式を用いて単一光子を用いた意思決定を簡単に整理しておく。単一光子源からの単一光子の偏光方向が $\pi/4$ 回転しているとして，半波長板の光学軸が θ_{HW} であるとき，半波長板通過後の偏光方向は $(2\theta_{\mathrm{HW}} - \pi/4)$ となる。したがって，PBS 通過後の光の偏光状態は，式 (1.2) に基づいて

$$\cos\left(2\theta_{\mathrm{HW}} - \frac{\pi}{4}\right)|H\rangle + \sin\left(2\theta_{\mathrm{HW}} - \frac{\pi}{4}\right)|V\rangle \tag{3.22}$$

となり，水平偏光の光を検出する確率（スロットマシン 2 を選択する確率）は $\cos^2(2\theta_{\mathrm{HW}} - \pi/4)$，垂直偏光の光を検出する確率（スロットマシン 1 を選択する確率）は $\sin^2(2\theta_{\mathrm{HW}} - \pi/4)$ で与えられる。

3.4.2　レーザカオスを用いた超高速意思決定

　前項の単一光子を用いた意思決定は，光の素励起レベルの物理を直接的に生かした意思決定であり，光の極限性能の一端を実証しているが，単一光子源か

らの光子生成レートや偏光制御系などの高速化が技術的課題である。一方，光の最も顕著な物理的性質の一つは広帯域性（1.2.2 項参照）であり，長距離の光通信から短距離の光インターコネクションに至るまで，光は不可欠な基盤として用いられている（2.4.2 項参照）。本項では，広帯域性の顕著な例である**レーザカオス**（1.3.2 項参照）を用いた超高速意思決定を示す[134),135)]。

　レーザカオスを用いた意思決定の基本原理は 3.4.1 項の単一光子を用いた意思決定に類似しているが，実現形態はまったく異なる。半導体レーザから生成したレーザカオス光を高速にサンプリングし，「閾値」に対する大小判定のみで意思決定を行う（**図 3.21** 参照）。計測した信号レベルが「閾値より大きいとき」には「スロットマシン 1」を選択すると意思決定し，「小さいとき」は「スロットマシン 2」を選択すると意思決定する。閾値が十分大きいときは，計測される信号レベルは閾値より小さくなる場合が多くなり，したがって「スロットマシン 2」を選択するケースがほとんどとなる。ところが，カオスの乱雑さのために，時として計測する信号レベルが閾値よりも大きくなることがあり，逆側の「スロットマシン 1」を選択することも生じる。すなわち，前項でも議論した「反省の契機」がカオスの不確実さによってもたらされることになる。

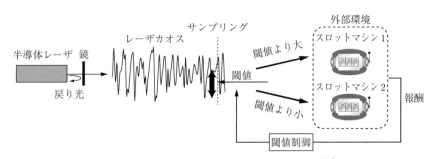

図 3.21　レーザカオスを用いた超高速意思決定[134)]

　実験では，半導体レーザと時間遅延により生成したレーザカオス光を高速にサンプリングし，閾値判定で意思決定を行っている。サンプリング間隔 10 ピコ秒（毎秒 100 ギガサンプル）で光強度データを取得し，意思決定の検証はオフラインで実行している。図 3.20(b) と同様に，不確実な環境変化の検知と適応

が確認されている[134]）。また，時分割多重方式を採用することで，選択肢数を64 個まで拡張できることが実証されている[135]）。

さらに，レーザカオス光のサンプリング間隔と性能との関係について検証したところ，50 ピコ秒（毎秒 20 ギガサンプル）でサンプリングしたときに，最も適応性に優れた性能が得られた。およそ 20 回の試行で正解率 9 割以上が得られ，事前知識ゼロの状態から約 1 ナノ秒という非常に短いレイテンシで意思決定が実現している。

本実験に用いたレーザカオスの波形を特徴付ける自己相関の値は，意思決定性能が最も高まるサンプリング間隔 50 ピコ秒において負の最大値を示した。自己相関が負であるということは，あるタイミングでカオス時系列の値が正であったとき，そのつぎのサンプリングでは符合が負になる場合が多いことを意味する。すなわち，ここで用いているレーザカオスは，一見ランダムに見えつつも相関を含んでいて，その相関を活用することが有利であることを示唆している。

この背景にあるメカニズムを探るため，サロゲート法という手法を用いた分析結果が示されている[136]）。サロゲート法とは，与えられた時系列のある種の特徴をいわば「ノックアウト」し，そのときのシステム性能の変化の有無を確認することでその特徴が関与しているかどうかを浮き彫りにする手法である。「ランダムシャッフルサロゲート」（RS サロゲート）は時系列に含まれる相関を0 として，時系列に含まれる相関が性能に寄与するかどうかを判別する。「フーリエ変換サロゲート」（FT サロゲート）は時系列に含まれる相関を維持したまま，振幅分布をガウス分布に変換し，振幅分布が性能に寄与するかどうかを判別する。Okada らは，RS サロゲートを行うと確かに意思決定の性能が劣化し，FT サロゲートによって性能が改善することを見いだした[136]）。このことは，カオスの時間構造が確かに性能に寄与していることを示している。また，振幅分布の簡単なスケーリングにより性能が向上することがわかった。その後，相関付きランダムウォークと呼ばれるモデルを用いて，時系列の相関と意思決定の結び付きを表現する理論モデルが得られている[137]）。

3.4.3 カオス的遍歴を用いた意思決定

3.4.2項で示したレーザカオスの時系列を用いる意思決定手法では，GHz オーダの高頻度の意思決定が実現され，またカオス時系列に含まれる負の自己相関が意思決定の加速に寄与していることが解明されている。しかしながら，複雑な時系列の生成のみがレーザカオス現象の特徴ではなく，これらはレーザ物理ならびに光デバイス技術の潜在性能のほんの一端を生かしているに過ぎない。光のダイナミクスをより直接的にバンディット問題に活用することはできないか？　光ならではのダイナミクスに学んだ意思決定手法の創成は可能か？　この熱意が，以下に紹介するレーザ光の**カオス的遍歴**（chaotic itinerancy）を用いた意思決定手法の研究の動機付けになっている。

半導体レーザから出射する光の一部を，鏡で反射させてレーザに戻すとレーザの動作が不安定化し，カオスが生じることはすでに述べた。マルチモード半導体レーザに対して戻り光を加えた場合には，半導体レーザ内部でのキャリヤ密度を介して縦モード間の結合によるエネルギーのやり取りが生じ，複数の縦モード間のカオス的遍歴が発生する[138]。カオス的遍歴とは，異なるカオス状態の間を不規則に遷移する現象であり，マルチモード半導体レーザの縦モードのホッピングはカオス的遍歴といえる。レーザの全エネルギーは一定であるため，あるモードが強く発振すると他のモードが弱くなる。バンディット問題での「探索」にこのカオス的遍歴を利用する手法が，Iwami らにより提案されている[138]。

本手法では，マルチモード半導体レーザにおける各縦モードをスロットマシンと対応させ，カオス的遍歴によって探索行動を行う。**図 3.22**(a) に示すシステム構成では，周波数 ν_1 から ν_M の M 個の縦モードが存在し，これをスロットマシン 1 から M に対応付ける。意思決定としては，最も光強度の大きなモードに対応するスロットマシンを選択する。一方で，バンディット問題への「活用」は，外部から対応するモードの光を注入し，所定の縦モードをこの外部光によって引き込むことで実現する（インジェクションロッキング）。これによりカオス的遍歴の制御を行う。選択したスロットマシンが当たった場合には，対

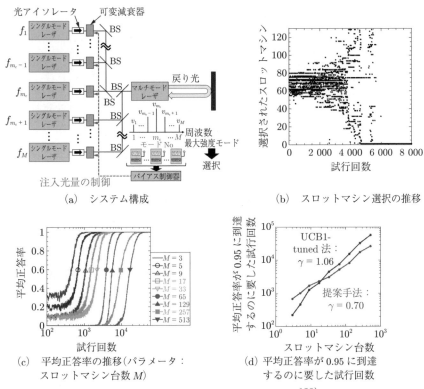

(a)　システム構成

(b)　スロットマシン選択の推移

(c)　平均正答率の推移（パラメータ：スロットマシン台数 M）

(d)　平均正答率が0.95に到達するのに要した試行回数

図 3.22　カオス的遍歴を用いた意思決定[138]

応するモードに注入する外部光量を増加させる。この場合，そのモードの光強度が大きくなるため，当該モードの光強度が最大となる確率が増加し，つぎの選択においても当該マシンが選ばれやすくなる。逆に，スロットマシンがはずれた場合には外部からの注入光量を低減し，当該スロットマシンがつぎの選択において選ばれにくくする。

　このように，「スロットマシンの選択」→「外部光量の調整」→「モードの大きさが変化し，スロットマシンの選ばれやすさが変化（すなわち，カオス的遍歴を制御）」というループを繰り返すことにより，意思決定を実現する。最終的には外部光を注入された特定の縦モードが安定化し，当該縦モードがつねに最大の強度となる。図 3.22(b) に，スロットマシン台数が 129 台の場合に実際に

選択されたスロットマシンの推移を示す。序盤において，広範なスロットマシンがカオス的遍歴によって探索され，およそ 6 000 サイクル以降は，当たり確率が最大のスロットマシン（スロットマシン 1）が選択されており，正しい意思決定が実現していることがわかる。図 3.22(c) に，スロットマシンの台数を変化させたときの平均正答率（当たり確率が最大のスロットマシンを選択した割合）を示す。レーザカオス時系列を用いた前述の方式ではスロットマシン台数が最大 64 台に限られていたが[135]，提案手法では 513 台という多数の選択肢への対応が実現されている[138]。

さらに，図 3.22(d) に，当たり確率が最大のスロットマシンを選択した割合が 0.95 に到達するのに要した試行回数とスロットマシン台数との関係を示す。試行回数が少ないほど意思決定が素早く，かつ正しいことを示す。ここで，代表的なバンディットアルゴリズムの一つである UCB1-tuned 法との比較を行った。UCB1-tuned 法ではグラフの傾き γ が 1.06 であるのに対し，提案手法では 0.70 となっており，スロットマシンの台数が増えたときに，提案手法の方が少ない試行回数で正しい意思決定が実現できることがわかる。この結果に関する詳細メカニズムの解明に向けた手掛かりとして，以下の分析が示されている。

図 3.23(a)，(b) は，スロットマシンの台数が 5 台および 129 台の場合において，おのおののスロットマシンが選ばれる確率に関する**シャノンエントロピー**

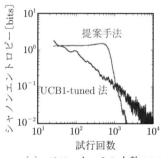 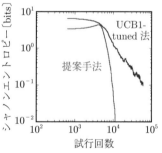

(a)　スロットマシン台数：5 台　　(b)　スロットマシン台数：129 台

図 3.23　カオス的遍歴を用いた意思決定における
シャノンエントロピーの時間発展[138]

(Shannon entropy) を示す[138]。UCB1-tuned 法においては, 試行回数の増加とともにシャノンエントロピーは単調に減少している。これは, 正解のマシンに向けた選択肢の絞り込みが段階的に行われていることを意味する。これに対し, カオス的遍歴を用いる提案手法では, 序盤においてシャノンエントロピーはほぼ一定であり（むしろエントロピーは若干増加している）, ある一定の試行回数を経過した後にエントロピーが急速に減少していることがわかる。このような傾向があるがために, 図 3.23(b) に示すように, マシン台数が多い場合に提案手法が UCB1-tuned 法を凌駕しているものと考えられる。序盤における広い探索と終盤における急速な絞り込みには, カオス的遍歴が不可分に関与していると考えられ, そのメカニズム解明は今後の興味深い研究テーマの一つであるとともに, 物理系が知的機能に貢献できる一つの道筋を示唆しているように思われる。

3.4.4 もつれ光子を用いた協力的意思決定

前項までの意思決定問題は, 単一のプレイヤの報酬最大化を目的としていたが, 複数のプレイヤが環境に置かれたときには, 状況が複雑化する。

複数のプレイヤからなるチームにおいて, 個々のプレイヤが利己的に行動してしまっては, 必ずしもチーム全体の利益の最大化につながらないという状況は, さまざまな局面に見ることができる。例えば, 交通網における混雑・渋滞や情報ネットワークにおける輻輳, 物品の買い占めなどは, 多数のプレイヤが同一の選択肢を選ぶことによって生じており, 社会全体としての利得の最大化にはつながらない。チーム全体としての利得の最大化を目指すなら, 時として一部のプレイヤの犠牲を伴うことも含め, チーム一丸となって局面に対峙することが有効になる。加えて, チーム全体としての利得の最大化だけでなく, プレイヤ間の公平性・平等性も重要な達成目標であり, さらには, 出し抜き・抜け駆けのような行為の防止を含めたセキュリティ要件も課題になる。この問題は**競合的多本腕バンディット問題**（competitive MAB：CMAB）として知られ, 情報通信技術におけるリソースの分配を始めとして, 実用上重要な課題の

基盤にある[139]。本項では，**もつれ光子**（entangled photon）を用いることで，チーム全体としての利得を最大化すると同時に，プレイヤ間の公平性ならびに出し抜き行為の不可能性を保証した協力的意思決定手法を紹介する[140]。

　ここでは，最もシンプルな CMAB として，二人のプレイヤ（プレイヤ 1 および 2）が 2 台のスロットマシン（マシン A，マシン B）を選択する状況を考える。**図 3.24**(a) に示すように，2 個の単一光子（光子対）は**自発的パラメトリック下方変換**（spontaneous parametric down conversion：SPDC）により生成され[141]，一方の光子（シグナル光）はプレイヤ 1 の意思決定に，他方（アイドラー光）はプレイヤ 2 の意思決定に用いられる。各プレイヤは，水平偏光の単一光子を観測したときはスロットマシン A を選択し，垂直偏光を観測したときはスロットマシン B を選択するとする。

　実験では，最初の 50 回はスロットマシン A および B の当たり確率がおのおの 0.2，0.8 とし，その後の 50 回では 0.8，0.2 と設定した。すなわち，前半はスロットマシン B を選択することがより当たり確率の高い台を選ぶという意味で「正しい意思決定」であり，後半ではスロットマシン A の選択が「正しい」ということになる。

　まず，単一光子意思決定の原理に従って，プレイヤ 1 および 2 がおのおの単独でプレイする状況を考える。図 3.24(b) の左側はプレイヤ 1 および 2 の正しい意思決定の割合を示すが，プレイ開始直後より上昇し，1 に近い値を示している。50 サイクル経過後にスロットマシンの当たり確率が入れ替わるため，正しい意思決定の割合はいったん 0 に低下するが，時刻の経過とともに再び上昇に転じて 1 に漸近している。すなわち，両プレイヤとも「正しい意思決定」を実現している。しかし，このことは両者ともに当たり確率の高い同じ台を選択することを意味しており，図 3.24(c) の左側のように「競合率」は非常に大きな値で推移している。そのため，プレイヤ個々の，またチーム全体としての累積報酬も伸び悩むことになる（図 3.24(d) の左側参照）。

〔**1**〕　**相関光子を用いた意思決定**

　ここでは，プレイヤ間に相互協調のメカニズムを持たせるべく，プレイヤ 1

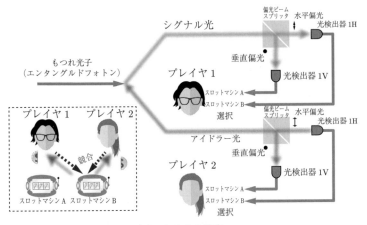

（a）システム構成

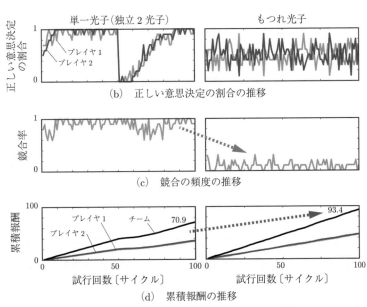

（b）正しい意思決定の割合の推移

（c）競合の頻度の推移

（d）累積報酬の推移

図 **3.24** もつれ光子を用いた協調的意思決定[140)]

の光子の偏光方向 θ_1 とプレイヤ 2 の光子の偏光方向 θ_2 に相関を持たせること
を考える。具体的には偏光が直交している状況

$$\theta_2 = \theta_1 + \frac{\pi}{2} \tag{3.23}$$

を考える。このとき，任意の θ_1 に対して「プレイヤ 1 がスロットマシン A を選択し，プレイヤ 2 もスロットマシン A を選択する」確率振幅は，半波長板の光学軸を θ_{HW_i} として

$$\cos(2\theta_{\mathrm{HW}_1} - \theta_1)\cos(2\theta_{\mathrm{HW}_2} - \theta_2) \tag{3.24}$$

となる。この確率振幅の 2 乗が，スロットマシン A において選択競合が生じる状況に対応した確率となる。この確率を 0 とすべく，θ_1 を観測して瞬時に θ_{HW_i} を制御することは実質的に不可能である。

なお，$\theta_1 = 0$ とすれば $\theta_2 = \pi/2$ となるので，θ_{HW_1} を 0，θ_{HW_2} を $\pi/2$ とすれば，プレイヤ 1 の光子は水平偏光，プレイヤ 2 の光子は垂直偏光となり，競合は生じない。しかしながら，これはプレイヤ 1 がスロットマシン B を選び続け，プレイヤ 2 がスロットマシン A を選び続けることを意味する。仮にスロットマシン B の報酬が大だとすると，プレイヤ 1 のみ累積報酬が増大してしまい，システム全体としては平等性や公平性が毀損されてしまうことになる。

〔**2**〕 **もつれ光子を用いた意思決定**

もつれ光子を用いると，相関光子では依然として実現できなかった競合の回避が可能となる。ここでは

$$\frac{1}{\sqrt{2}}\left(|\theta_1, \theta_2\rangle - |\theta_2, \theta_1\rangle\right) \tag{3.25}$$

という量子重ね合わせ状態を入力として考える。このとき，プレイヤ 1 がスロットマシン A を選択し，プレイヤ 2 もスロットマシン A を選択する確率振幅は，式 (3.25) の第 1 項に対応して式 (3.24) を $1/\sqrt{2}$ 倍した確率振幅と，同様に式 (3.25) の第 2 項に対応した確率振幅，この両者の和として

$$\frac{1}{\sqrt{2}}[\cos(2\theta_{\mathrm{HW}_1} - \theta_1)\cos(2\theta_{\mathrm{HW}_2} - \theta_2)$$

$$- \cos(2\theta_{\mathrm{HW}_1} - \theta_2)\cos(2\theta_{\mathrm{HW}_2} - \theta_1)]$$

$$= -\frac{1}{\sqrt{2}}\sin\left[2\left(\theta_{\mathrm{HW}_1} - \theta_{\mathrm{HW}_2}\right)\right] \tag{3.26}$$

で与えられる。したがって，両プレイヤがともにスロットマシン A を選択する確率は，式 (3.26) の 2 乗として

$$\frac{1}{2}\sin^2\left[2(\theta_{\mathrm{HW_1}} - \theta_{\mathrm{HW_2}})\right] \tag{3.27}$$

となる。式 (3.27) によれば，**半波長板の設定をプレイヤ 1 とプレイヤ 2 で同一 $(\theta_{\mathrm{HW_1}} = \theta_{\mathrm{HW_2}})$ としておけば，両者が共にスロットマシン A を選ぶという競合を完全に回避できる**ことがわかる。同様に，半波長板の設定が同一のとき，両者が共にスロットマシン B を選ぶ確率は 0 となる。すなわち，競合の確率を 0 とできる。

一方で，プレイヤ 1 がスロットマシン A を選び，プレイヤ 2 がスロットマシン B を選ぶ確率振幅は

$$\frac{1}{\sqrt{2}}\left[\cos(2\theta_{\mathrm{HW_1}} - \theta_1)\sin(2\theta_{\mathrm{HW_2}} - \theta_2)\right.$$
$$\left. - \cos(2\theta_{\mathrm{HW_1}} - \theta_2)\sin(2\theta_{\mathrm{HW_2}} - \theta_1)\right]$$
$$= -\frac{1}{\sqrt{2}}\cos\left[2\left(\theta_{\mathrm{HW_1}} - \theta_{\mathrm{HW_2}}\right)\right] \tag{3.28}$$

となり，よって，プレイヤ 1 がスロットマシン A を選び，プレイヤ 2 がスロットマシン B を選ぶ確率は，式 (3.28) の 2 乗として

$$\frac{1}{2}\cos^2\left[2(\theta_{\mathrm{HW_1}} - \theta_{\mathrm{HW_2}})\right] \tag{3.29}$$

となる。したがって，半波長板の設定をプレイヤ 1 とプレイヤ 2 で同一 $(\theta_{\mathrm{HW_1}} = \theta_{\mathrm{HW_2}})$ としておけば，プレイヤ 1 がスロットマシン A を選び，プレイヤ 2 がスロットマシン B を選ぶ確率は 1/2 となる。同様に，半波長板の設定が同一のとき，プレイヤ 1 がスロットマシン B を選び，プレイヤ 2 がスロットマシン A を選ぶ確率は 1/2 となる。

以上のことから，プレイヤ 1 とプレイヤ 2 は，意思決定の競合を「なし」としながら，スロットマシン A とスロットマシン B を偏りなく選択（半数ずつ選択）することがわかる。実験結果においても，もつれ光子を用いることで単一光子（独立 2 光子）の場合よりも競合率が大きく低減している（図 3.24(c) の

右側参照）。さらに，チームとしての累積報酬が大幅に増大すると同時に，プレイヤ 1 および 2 の報酬が同等，すなわち平等性も実現されていることがわかる（図 3.24(d) の右側参照）。

3.4.5 光を用いた意思決定の応用

光意思決定メカニズムがもたらす特徴の一つに，動的に変化する環境への瞬時的適応能力がある。Beyond 5G と呼ばれる次世代移動通信システムなどを見据え，動的不確実環境への対応が重要とされる諸課題に対して，光を用いたバンディットアルゴリズムを応用するための基盤が研究されている。

〔1〕 動的チャネル選択

4 チャネルの無線 LAN（IEEE 802.11a）における無線周波数チャネル選択問題を，直近の単位時間当りのスループットと平均スループットの大小関係から定めた報酬に基づく 4 本腕バンディット問題として定式化し，レーザカオス時系列を用いた意思決定原理により，適応的なチャネル選択が可能であることが実験的に示されている[139]（**図 3.25**(a) 参照）。図 3.25(b) に示すように，システムは 50 サイクルごとの環境の変化を察知して，48→44→40→36 と「最も良いチャネル（ground truth）を選び，**動的チャネル選択**（dynamic channel selection）に成功し，結果としておおむね 10 Mbps 以上の高いスループットを維持していることがわかる（図 3.25(c)）。

〔2〕 非直交多元接続

非直交多元接続（non-orthogonal multiple access：NOMA）は，複数のユーザによる同一の周波数帯の利用を可能とし，周波数利用効率を新たな形で改善する革新的技術として期待されている[142]。NOMA は電力領域での多重化を基礎とするため，ユーザのペアリング——同じ周波数帯に割り当てる端末の組——を素早く得ることが肝要となる。可能なペアリングをバンディット問題における選択肢と対応付け，レーザカオス時系列を用いたバンディットアルゴリズムを構築して性能評価が行われている。従来手法より優れたスループットが実現されることが確認されている[143]。

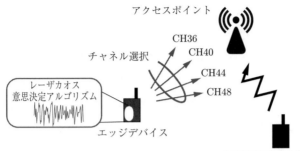

（a）　システムの全体構成

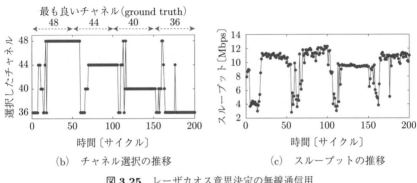

（b）　チャネル選択の推移　　　　（c）　スループットの推移

図 3.25　レーザカオス意思決定の無線通信用
チャネル選択への応用[139)]

〔**3**〕　チャネルボンディング

　チャネルボンディング（channel bonding）は，単一のユーザ（デバイス）が
複数の周波数帯を同時に利用する方式であり，未使用のチャネルが存在すると
きには回線利用者の通信容量を著しく改善でき，無線 LAN などでの実装が進
んでいる[144)]。しかし，過剰なボンディングは混信を招き，性能劣化をもたら
す。チャネルボンディングの態様をバンディットアルゴリズムにおける個々の
選択肢とみなすことで，動的に変化する電波環境のなかで最適なボンディング
を実現するメカニズムが実証されている。例えば，レーザカオス時系列を用い
たバンディットアルゴリズムを構築し，他手法よりも優れたスループットが実
現できることが確認されている[145)]。

〔**4**〕 **動的モデル選択**

3.2節において，光リザーバコンピューティングにおける高い時系列予測性能
を見た。しかし，リザーバコンピューティングは事前の学習を必須とし，学習時
のデータから極端に逸脱したデータに対しては性能が著しく悪化する。この問題
に対処するため，光意思決定を用いることで与えられた問題に応じて適切なモデ
ルを適応的かつ高速に選択させるシステムが提案されている（**図 3.26** 参照）[146]。

具体的な問題設定として，異なるモデルから生成される信号を準備し，これを
一定時間ごとに切り替えてリザーバへ入力するものとする。リザーバコンピュー
ティングでは，各モデル信号に対する重みをあらかじめ学習しておく。ここで，
入力信号とリザーバからの予測信号を比較し，予測信号の誤差が小さくなるよ
うに意思決定アルゴリズムを用いてモデル選択を行う。異なるモデルから生成
された信号はもちろんのこと，同一モデルで異なるパラメータ値の信号に対し
ても，モデルの選択と分類が可能であることが示されている。

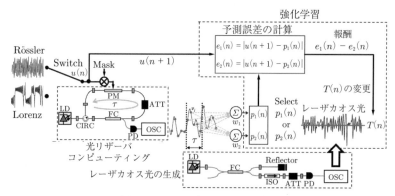

図 3.26 光リザーバコンピューティングと光意思決定
の融合システム：動的モデル選択への適用[146]。LD：
laser diode, PM：phase modulator, CIRC：optical
circulator, ATT：optical attenuator, FC：optical fiber
coupler, PD：photodetector, ISO：optical isolator,
OSC：digital oscilloscope。

3.5 粘菌コンピューティングから
光コンピューティングへの展開

3.5.1 粘菌コンピューティング

単細胞生物である**真性粘菌**（*Physarum polycephalum*）は，複雑な原形質流動を伴いながらその態様を多様に動的に変化させる。粘菌の局部的な形態の変化はただちに他所での形態変化に結び付き，その意味で「非局所性」が備わっている。また，光が照射されている領域に対しては体を伸ばしにくい「嫌光性」と呼ばれる性質を有している。ただし，時として，光照射されている領域にあえて体を伸ばすこともある（**図 3.27**(a) 参照）。

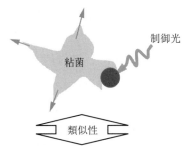

（a） 粘菌の時空間ダイナミクス

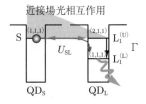

（b） 励起された光エネルギーの
大ドットへの移動と緩和

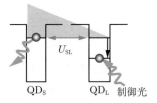

（c） 励起された光エネルギーの章動
と小ドットからの緩和

図 3.27 粘菌の時空間ダイナミクスと量子ドット間近接場光エネルギー移動との類似性。QD_S：サイズ小の量子ドット，QD_L：サイズ大の量子ドット，S：QD_S のエネルギー準位，U_{SL}：量子ドット間相互作用，Γ：緩和定数。

Aono, Kim らは，このような粘菌の複雑なダイナミクスが，単細胞でありながらも生態系の厳しい環境を生き抜いてきた粘菌に見られる知性の根底にあると考えた。そして，**巡回セールスマン問題**（traveling salesman problem）と呼ばれる最適化問題や意思決定問題の解決などを，実際の粘菌を用いて実証し，その数理的基礎を構築してきた[147), 148)]。

Naruse, Aono, Kim らは，粘菌が示す時空間ダイナミクスと，近接場光相互作用を介したエネルギー移動に類似性があることを見いだし，粘菌コンピューティングにインスパイアされた解探索メカニズムを示した[149)]。

1.3.8 項で示したように，近接場光相互作用を介して，サイズ小の量子ドット（QD_S，以下，小ドットと呼ぶ）に生じた光エネルギーはサイズ大の量子ドット（QD_L，以下，大ドットと呼ぶ）に移動し，緩和する（図 3.27(b) 参照）。しかし，行き先となるサイズ大の量子ドットにおけるエネルギー準位が占有されていれば（**状態占有効果**（state-filling effect）），光エネルギーは大ドットと小ドットの間を行き来し（章動と呼ばれる），小ドットから緩和する確率が高まる（図 3.27(c) 参照）。

複数のドットからなるシステムを考えれば，相互作用および局所散逸構造が複雑にネットワーク化され，そこには，システムのあるエネルギー準位の占有状況が全系に影響するという意味での非局所性を見いだすことができ，またエネルギー移動のパターンに多様性（複雑性）が生まれる。

ここに，前述の粘菌の複雑なダイナミクスとの類似性が見て取れる。すなわち，粘菌でできた知的機能は光電子系でも実現し得ると示唆され，さらに元の粘菌を量的にも質的にも凌駕する新規なアーキテクチャの実現が期待できる。

3.5.2　粘菌とエネルギー移動の時空間ダイナミクス

粘菌を複数の枝（branch）を有する基板上に置くと，粘菌はエネルギー供給源である基板との接触面積の拡大を図るべく，体を伸張させる。ここで，各枝に対して光照射を行うと，嫌光性のために粘菌の体の収縮が確率的に生じる（**図 3.28**(a) 参照）。こうした粘菌の時空間ダイナミクスを用いて，前述のよう

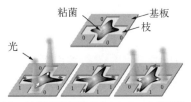

(a)　粘菌の時空間ダイナミクスと嫌光性

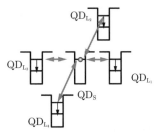

(b)　量子ドットネットワークとそのエネルギー準位

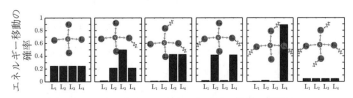

(c)　小ドットに注入された光エネルギー移動の多様性

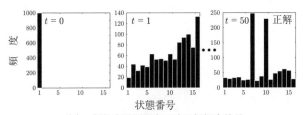

(d)　制約充足問題（CSP）の解探索結果

図 **3.28**　量子ドットネットワークによる制約充足問題
（CSP）の解探索：粘菌の時空間ダイナミクスとバウン
スバック則の適用

に巡回セールスマン問題の解探索が可能であることが実証されている[147]。

　ここで，前項で論じた粘菌とエネルギー移動の類似性に基づき，図 3.28(b) に
示すように，小ドットを大ドットが取り囲む構造を考える。小ドットに注入さ

れた光エネルギーは通常は等方的に大ドットに流れるが，エネルギー移動の行き先となる大ドットにおいてエネルギー準位が占有されているときは，光エネルギーの行き先は非等方的となる[150]。この性質は，量子ドットの個数の増大と配列の複雑化に伴い，エネルギーの流れ方に多様性をもたらすことになる。例えば，小ドットの周囲を N 個の大ドットが取り囲む構造（図 3.28(b) は $N = 4$ の模式図を示している）では，合計で 2^N 個の異なる光エネルギーの流れ方が存在することになる（図 3.28(c) 参照）。この特徴は，嫌光性を有する粘菌が示す時空間ダイナミクスと同じ構造を有しており，組合せ爆発を伴う解探索問題に応用できると考えられる。

3.5.3　バウンスバック則と解探索

　上記解探索問題の具体例として，論理式 $x_i = \mathrm{NOR}(x_{i-1}, x_{i+1})$ をすべて充足する N 個の変数 $x_i(i = 1, \cdots, N)$ を求める**制約充足問題**（constraint satisfaction problem：CSP）を考える。ここで，NOR は否定論理和を示し，2 入力がともに 0 のときのみ 1 となる。なお，$i = 1, N$ に対しては，制約条件は $x_1 = \mathrm{NOR}(x_N, x_2)$，$x_N = \mathrm{NOR}(x_{N-1}, x_1)$ とする。エネルギー供給源となる小ドット $\mathrm{QD_S}$ と相互作用する範囲に置かれる大ドット $\mathrm{QD_{L_i}}$ からの発光を $x_i = 1$ と対応付ける。x_i から発光が観測されれば，与えられた制約条件に基づき，x_{i-1} および x_{i+1} の発光は抑制される必要がある。すなわち「$x_i = 1$」であるとき「$x_{i-1} = 1$」および「$x_{i+1} = 1$」で「あってはいけない」。

　このように，「ある事象を禁じる」文法によってフィードバックがかかることが，粘菌の動作に学んだ解探索原理においてとりわけ重要であることを強調するため，Aono はこれを**バウンスバック**（Bounceback）**則**と名付けた[151]。このバウンスバック則に対応して $\mathrm{QD_{L_{i-1}}}$ および $\mathrm{QD_{L_{i+1}}}$ に状態占有効果を引き起こし，$\mathrm{QD_S}$ から $\mathrm{QD_{L_{i-1}}}$ および $\mathrm{QD_{L_{i+1}}}$ への光エネルギー移動が生じにくい状況に発展させる。

　ここで，光エネルギー移動は確率的であり，$\mathrm{QD_{L_i}}$ に状態占有効果が生じた場合にも，$\mathrm{QD_{L_i}}$ への光エネルギー移動が完全に阻害されるとは限らないことに

注意する（このことは，粘菌において嫌光性にもかかわらず，時として光照射領域に体を伸ばすことに相当する）。これにより，解空間の探索が可能となり，デッドロック状態に停留し続けることなく，制約を充足する解に到達することができる[149]。

　例えば，$N = 4$ として，初期状態 $\{x_1, x_2, x_3, x_4\} = \{0,0,0,0\}$ を起点に，各ステップにおいて密度行列に基づくマスター方程式を用いて光エネルギー移動の確率を算出し，これに基づいて制御光の空間パターンを更新する。図 3.28(d) に示すように，制約条件を充足する解に相当する $\{x_1, x_2, x_3, x_4\} = \{0,1,0,1\}$（状態番号 7）および $\{1,0,1,0\}$（状態番号 10）の出現確率が高くなり，これらに収束していることがわかる。この要領で，量子ドットのネットワークにより自律的に CSP の解を探索することができる[149]。

　さらに，Aono らはこの原理を発展させ，**充足可能性問題**（satisfiability problem：SAT）の解探索を示した[151]。SAT とは，与えられた論理式を充足できる変数の真偽値割当てが存在するか否かを判定する **NP**（non-deterministic polynomial）**完全問題**である。SAT は，自動推論，ハードウェア設計検証，情報セキュリティなど幅広い応用の基礎にある。

　粘菌コンピューティングにインスパイアされた物理系を用いるコンピューティングとしては，上述の近接場光エネルギー移動を用いるアプローチだけでなく，キャパシタンスネットワークや抵抗ネットワークを用いた系が実験的に実証されている[152],[153]。

3.6　シューベルトマシン

　1.3.8 項で議論したように，光の波長よりも小さな領域における光学を議論する近接場光学（ナノ光学）は，高集積性および省エネ性の極限を実現する光技術として期待されるが，個々のナノ物質の詳細な位置や形状の制御など，トップダウンでのデバイス構築の技術的難易度の高さが課題である。

　一方，ナノ領域で生じる光と物質の相互作用をシステムとしての高次機能に

利用するに当たっては，トップダウンでのナノ物質の規定を行わず，ナノ領域で生じる自律的な構造形成——**ボトムアップ**的なプロセス——の活用が可能である。

　そこで本節では，デバイス側には材料そのものが有している特長だけを要請し，自律的な構造形成が可能なシステムとして，**フォトクロミック材料**（photochromic material）を用いた光機能の実現例——シューベルトマシン——を示す。

3.6.1　フォトクロミック材料における複雑な構造の形成

　フォトクロミック材料は，光照射によって可逆的に**光異性化**（photoisomerization）し，透明状態と着色状態の 2 状態をとる。すなわち，紫外光照射によって透明状態から着色状態へ，可視光照射によって再び透明状態へ遷移する（**図 3.29**(a) 参照）。フォトクロミック材料の単結晶の表面に局所的に光励起を

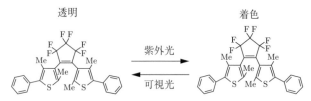

（a）　フォトクロミック材料の光異性化反応

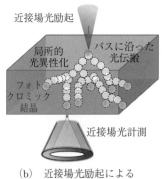

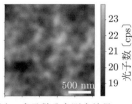

（b）　近接場光励起による
　　　局所的光異性化

（c）　光子数分布測定結果

図 3.29　フォトクロミック材料における近接場光励起による複雑パターンの形成[154]

行うと（近接場光励起），フォトクロミック材料の光異性化が局所的に発現する。このとき，分子レベルの局所的な機械的ひずみが同時に現れ——異性化によって分子長が変化する——，光異性化は等方的に広がらない（図 3.29(b) 参照）。そのため，近接場光によって異性化した光の通り道——光パスと呼ぶ——は，そのフォトクロミック材料に固有の特性・状況に応じて複雑に分岐する。

いったん光パスが構築されたあとは，表面から局所的に入力された単一光子は光パスに沿って伝搬する。実際，デバイス裏面で近接場光プローブによって観察された光子数分布は，図 3.29(c) のように複雑な空間パターンを形成する。局所光励起は単一光子レベルで行われているため，光子の出力位置は図 3.29(c) で規定される分布に従って確率的に異なるといえる。

3.6.2　シューベルト多項式の生成

このように，フォトクロミック材料における光異性化を近接場光によって局所的に誘起したとき，波長より小さなナノ領域において複雑な光異性化パターンが表れるが，この機能を生かす応用として，組合せ幾何学の基礎にある**シューベルト多項式**（Schubert polynomial）の生成が示されている[154]。すなわち，光子検出位置に基づいて $N \times N$ の行列を生成する。ただし，光子検出の生じた要素 (i, j) に対応して，i 行，j 列では以降の光検出は棄却する。これにより，シューベルト多項式に対応した多様な行列が得られる。

3.6.3　フォトクロミック結晶と近接場光を用いた順序認識機能

Uchiyama らは，シューベルト多項式を用いた**順序認識**（order recognition）アルゴリズムを示し，近接場光分布を用いたときに性能が高まることを実証した[155]。ここでは，その概要を示す。詳しくは文献155) を参照されたい。また，シューベルト多項式については文献156),157) を参照されたい。

まず第 1 のポイントは，シューベルト多項式に対応する置換行列（各行各列に一つだけ 1 の要素を持ち，それ以外はすべて 0 となる二値正方行列。以降，**シューベルト行列**（Schubert matrix）と表記）における

- 行方向は対象の「名前」に対応し，上方ほど高ランクとみなし，下方ほど低ランクであるとみなす

- 列方向は対象の「価値」に対応し，右方ほど高価値とみなし，左方ほど低価値であるとみなす

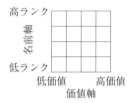

(a) シューベルト行列の例（名前軸と価値軸で規定）

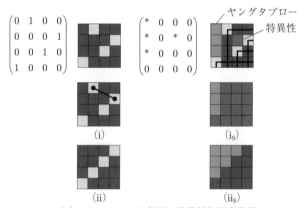

(b) シューベルト行列の特異性と順序認識

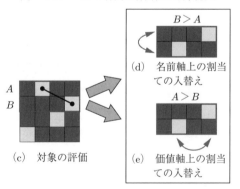

図 **3.30** シューベルトマシンの基本原理

という対応付けである（**図 3.30**(a) 参照）。ここで，「順序認識」とは複数個からなる対象における価値の序列を認識する問題であり，Uchiyama らの研究では，N 台の当たり確率不明のスロットマシンの当たり確率の順序を認識する問題が扱われている。ここで，シューベルト行列は対象に関する順序構造を「提案」していると考える。

　もしも，対象に関する順序構造を正しく認識していれば，名前軸と価値軸で規定される行列は逆対角行列となる。

　いま，シューベルト行列が図 3.30(b)(i) で与えられる 4×4 行列であったとする。このとき，2 個の連続する行において，下行の 1 の位置が，上行の 1 の位置よりも右に位置するとき，この 2 個の連続する行は**転倒**（inversion）しているという。このような転倒は，**名前軸と価値軸の不整合**（contrary situation）を意味している。なぜなら，名前軸上では要素 A が高ランクを意味するが，価値軸上では要素 B が高価値であり，両者が不整合となるからである。

　したがって，担当に相当する要素 A, B について，実際に対象の評価を実施し，結果に応じて序列の更新を行う必要がある（図 3.30(c) 参照）。具体的には

- $B > A$ であれば，価値軸は正しく，名前軸が誤っているため，名前軸上の A と B の割当てを入替え（図 3.30(d) 参照）

- $A > B$ であれば，名前軸は正しく，価値軸が誤っているため，価値軸上の A と B の割当てを入替え（図 3.30(e) 参照）

という更新操作を行う。

　以下，この操作を繰り返すことで順序認識が実現され，実際，**図 3.31**(a) のように，時刻の経過とともに逆対角に要素が並べ替えられている様子がわかる。このような手順で順序認識を行うメカニズムを**シューベルトマシン**（Schubert machine）と呼んでいる。ここでは対象に関する最尤推定などは行っておらず，シューベルト行列によって提案された転倒部のチェックのみで対象の順序構造の認識が達成されている。そのため，最尤推定などの定量的評価が困難なケースに対しても応用が可能と期待されている。

　以上に示すように，行列の転倒が並べ替えの要を担っているが，これはシュー

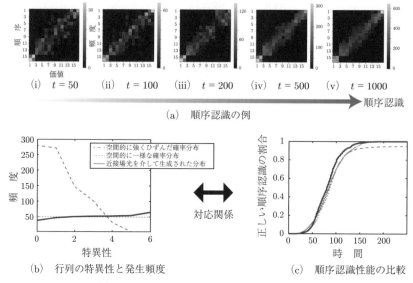

(i)　$t = 50$　　(ii)　$t = 100$　　(iii)　$t = 200$　　(iv)　$t = 500$　　(v)　$t = 1000$

順序認識

(a)　順序認識の例

(b)　行列の特異性と発生頻度　　　　　　(c)　順序認識性能の比較

図 3.31　シューベルトマシンを用いた順序認識

ベルト行列の**特異性**（singularity）として特徴付けられる。特異性とは，シューベルト行列の 1 要素の右方，下方を除去したあとに残る部分のうち，左上隅の領域（「ヤングタブロー」と呼ばれる）を除いた連結成分を指す。図 3.30(b)(i) のシューベルト行列の場合，(2,3) 要素に特異性が一つ存在する（図 3.30(b)(i_S) 参照）。なお，完全に順序認識がなされた逆対角行列（図 3.30(b)(ii) 参照）においてはヤングタブローのみを伴い，特異性が 0 となる（図 3.30(b)(ii_S) 参照）。

実験的な事実として，近接場光を介して生成されたシューベルト行列では，特異性の大きな行列が数多く生成される（図 3.31(b) 参照）。これに対し，一様乱数を用いて生成されるシューベルト行列では，すべての特異性が一様に出力される。また空間的に強くひずんだ確率分布（具体的には中央部における光検出確率が高い分布）からは，特異性の大きなシューベルト行列が生成されにくく，特異性の小さな行列が集中して出力される。

順序認識性能がこのような異なる不規則信号源によってどのように変化するかを分析すると，図 3.31(c) に示すように順序認識性能は近接場光を用いた場

合が最も良いことがわかる。このように，シューベルト行列の特異性が順序認識性能と強く関連していることがわかっている。現在，詳細メカニズムの解明に向けて現在も研究が進められている。

　なお，以上のシューベルトマシンにおいては，近接場光とフォトクロミック材料は，問題解決の際に物理的，すなわち直接的に応用するというよりも，事前に実験系において測定したデータをアルゴリズム実行の際に援用するという形で加速効果を得ている。この構造は，2.3 節において議論したアクセラレータの類型において，物理系で得られたデータそのものに価値を見いだしていることと等価である。

4 さらなる発展に向けて

　光は，高度情報通信社会を支える重要な基盤であり，今日，通信や計測のみならず，コンピューティングにまでその役割が期待されている。特に，情報通信量の爆発的増大やAIに見られるコンピューティング需要の拡大と高度化，さらには，グリーントランスフォーメーションに見られる環境性能の重要性の高まりに伴い，新たな物理系を活用するコンピューティングが活発に研究されるようになった。そのなかで，光とコンピューティングの関わり――光コンピューティング――が改めて見直され，その可能性が精力的に研究されている。光科学や光技術が長足の進化を遂げる一方，情報科学技術も飛躍的な発展を見るに至り，その接点に学術変革が期待されている。

　現在，光コンピューティングの最前線はきわめてダイナミックに展開している。AIやBeyond 5G（次世代移動通信システム）との強いつながりを持つ光アクセラレータの研究が進展する一方，光の多様な性質を情報処理と融合させる新たな基礎研究がつぎつぎに現れている。

　そこで本書は，このような研究領域の入門書となることを志向し，光とコンピューティングの基礎的内容を簡潔にまとめるとともに，現代の光コンピューティング研究の最前線をレビューすることに注力した。

　1章「光コンピューティングにおける光の基礎」では，コンピューティングへの応用を視野に入れつつ，光科学の基礎的内容をレビューした。各項目の詳細については，引用した書籍や論文を参照いただければ幸いである。

　2章「光コンピューティングのための情報通信技術の俯瞰」では，フォンノイマンアーキテクチャとそれに付随したさまざまなボトルネック，コンピュー

ティング需要の劇的拡大とアーキテクチャ革新の必要性，光インターコネクショ
ンなど，光コンピューティングを取り巻く情報通信技術の周辺状況や歴史的流
れをレビューした。

　その上で，3章では現代の光コンピューティングのうち，行列ベクトル演算，
光リザーバコンピューティング，イジングマシン，強化学習・意思決定などの研
究状況をレビューした。これらの研究から，1章の光科学と2章のコンピュー
ティングが掛け合わされ，新たなシステムがさまざまに実現されている様子が
おわかりいただけたかと思う。実際には，研究の最先端では，ここにとても書
き切れないほど多様な研究が精力的に進められている。

　また，日本では2022年度から，文部科学省・日本学術振興会の科学研究費補助
金による学術変革領域研究（A）プログラム「光の極限性能を生かすフォトニック
コンピューティングの創成」が始まった。この研究プログラムは**図4.1**に示すよ
うに，「光の極限性能を生かす」を基本概念とし，光のさまざまな特徴——伝搬高
速性・低損失性・広帯域性・多重性・実世界接触能など——を追求し，光科学技術
と情報科学技術を高度に融合した光コンピューティングの創成を目指している。

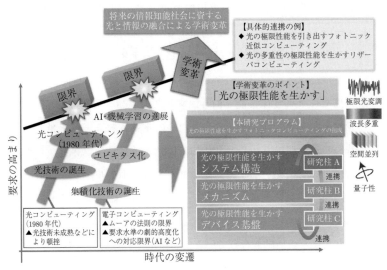

図4.1　研究プログラム「光の極限性能を生かすフォト
ニックコンピューティングの創成」の方向性[158]

それに向けて，この研究プログラムでは 3 個の視座から研究に取り組んでいる。

- **視座 A**：光の利活用を阻む**構造的限界**（architectural limit）の克服 → 光の極限性能を生かすシスム構造の創成
- **視座 B**：光の**限界性能**（physical limit）のコンピューティングへの活用 → 光の極限性能を生かすコンピューティングメカニズムの創成
- **視座 C**：未踏の**潜在能力**（potential）の開拓 → 光の極限性能を生かす材料・デバイスの創成

これらの 3 個の視座に対応した 3 個の研究柱を設定し，その目標や内容を下記のように定めている。

- **研究柱 A**：光の極限性能を引き出すシステム構造

  光のコンピューティングへの利活用の障壁となっている構造的限界に焦点を当て，光本来の性能を発現させるシステムアーキテクチャを研究する。具体的には，光の高速性や多重性を最大限に引き出すフォトニック近似コンピューティング，光と電子系の最適結合を実現するタスク分解などである。

- **研究柱 B**：光の極限性能に基づくコンピューティングメカニズム

  光の時空間多重性，多値表現能力など光の限界性能を活用するコンピューティングメカニズムを開拓する。具体的には，光リザーバーコンピューティング，極限光変調のコンピューティングへの展開，光意思決定などの高次光機能の創出などである。

- **研究柱 C**：光の極限性能を引き出す新たなデバイス基盤

  光の未開の潜在能力を引き出すための重要課題に焦点を当て，デバイス基盤の革新に取り組む。具体的には光の多重性をコンピューティングに活用する集積光デバイス，光と電子系とのボトルネックの解消に向けた超高周波エレクトロニクスとフォトニクスの融合などである。

また，このプログラムでは，研究だけでなく，シンポジウム，セミナー，スクールなどのアウトリーチ活動も行っている。どなたでも無料でご参加いただける。詳細は https://www.photoniccomputing.jp/ （2023 年 11 月現在）をご参照いただければ幸いである。

引用・参考文献

1) 一岡芳樹：光学情報処理—いままで，いま，これから—, 光学, **43**, 1, pp. 2–14 (2014)

2) 一岡芳樹, 稲葉文男：光コンピューティングの事典, 朝倉書店 (1997)

3) 堀　裕和：電子・通信・情報のための量子力学, コロナ社 (2008)

4) 武田光夫：光インターコネクション, 応用物理, **56**, 3, pp. 361–367 (1987)

5) Dinh, T. Q., La, Q. D., Quek, T. Q. and Shin, H.：Learning for computation offloading in mobile edge computing, *IEEE Transactions on Communications*, **66**, 12, pp. 6353–6367 (2018)

6) Goldenbaum, M., Boche, H. and Stańczak, S.：Harnessing interference for analog function computation in wireless sensor networks, *IEEE Transactions on Signal Processing*, **61**, 20, pp. 4893–4906 (2013)

7) Yang, K., Jiang, T., Shi, Y. and Ding, Z.：Federated learning via over-the-air computation, *IEEE Transactions on Wireless Communications*, **19**, 3, pp. 2022–2035 (2020)

8) Chen, X., Tanizawa, K., Winzer, P., Dong, P., Cho, J., Futami, F., Kato, K., Melikyan, A. and Kim, K.：Experimental demonstration of a 4,294,967,296-QAM-based Y-00 quantum stream cipher template carrying 160-Gb/s 16-QAM signals, *Optics Express*, **29**, 4, pp. 5658–5664 (2021)

9) 淡路祥成：光渦を用いた通信の基礎と応用, 光学, **46**, 11, pp. 426–432 (2017)

10) Amakasu, T., Chauvet, N., Bachelier, G., Huant, S., Horisaki, R. and Naruse, M.：Conflict-free collective stochastic decision making by orbital angular momentum of photons through quantum interference, *Scientific Reports*, **11**, 1, p. 21117 (2021)

11) Allen, L., Beijersbergen, M. W., Spreeuw, R. and Woerdman, J.：Orbital angular momentum of light and the transformation of Laguerre-Gaussian laser modes, *Physical Review A*, **45**, 11, p. 8185 (1992)

12) Padgett, M., Courtial, J. and Allen, L.：Light's orbital angular momentum, *Physics Today*, **57**, 5, pp. 35–40 (2004)

13) Peele, A. G., McMahon, P. J., Paterson, D., Tran, C. Q., Mancuso, A. P.,

Nugent, K. A., Hayes, J. P., Harvey, E., Lai, B. and McNulty, I.：Observation of an x-ray vortex, *Optics Letters*, **27**, 20, pp. 1752–1754 (2002)

14) Uchida, M. and Tonomura, A.：Generation of electron beams carrying orbital angular momentum, *Nature*, **464**, 7289, pp. 737–739 (2010)

15) Cheng, W., Zhang, W., Jing, H., Gao, S. and Zhang, H.：Orbital angular momentum for wireless communications, *IEEE Wireless Communications*, **26**, 1, pp. 100–107 (2018)

16) McArdle, N., Naruse, M., Toyoda, H., Kobayashi, Y. and Ishikawa, M.：Reconfigurable optical interconnections for parallel computing, *Proceedings of the IEEE*, **88**, 6, pp. 829–837 (2000)

17) Heuser, T., Pflüger, M., Fischer, I., Lott, J. A., Brunner, D. and Reitzenstein, S.：Developing a photonic hardware platform for brain-inspired computing based on 5 × 5 VCSEL arrays, *Journal of Physics: Photonics*, **2**, 4, p. 044002 (2020)

18) 大津元一：入門レーザー, 裳華房 (1997)

19) 大津元一：量子エレクトロニクスの基礎, 裳華房 (1999)

20) 内田淳史：複雑系フォトニクス—レーザカオスの同期と光情報通信への応用, 共立出版 (2016)

21) Uchida, A., Amano, K., Inoue, M., Hirano, K., Naito, S., Someya, H., Oowada, I., Kurashige, T., Shiki, M., Yoshimori, S., et al.：Fast physical random bit generation with chaotic semiconductor lasers, *Nature Photonics*, **2**, 12, pp. 728–732 (2008)

22) Argyris, A., Deligiannidis, S., Pikasis, E., Bogris, A. and Syvridis, D.：Implementation of 140 Gb/s true random bit generator based on a chaotic photonic integrated circuit, *Optics Express*, **18**, 18, pp. 18763–18768 (2010)

23) Argyris, A., Syvridis, D., Larger, L., Annovazzi-Lodi, V., Colet, P., Fischer, I., Garcia-Ojalvo, J., Mirasso, C. R., Pesquera, L. and Shore, K. A.：Chaos-based communications at high bit rates using commercial fibre-optic links, *Nature*, **438**, 7066, pp. 343–346 (2005)

24) Yoshimura, K., Muramatsu, J., Davis, P., Harayama, T., Okumura, H., Morikatsu, S., Aida, H. and Uchida, A.：Secure key distribution using correlated randomness in lasers driven by common random light, *Physical Review Letters*, **108**, 7, p. 070602 (2012)

25) Lin, F.-Y. and Liu, J.-M.：Chaotic lidar, *IEEE Journal of Selected Topics in Quantum Electronics*, **10**, 5, pp. 991–997 (2004)

26) Cheng, C.-H., Chen, C.-Y., Chen, J.-D., Pan, D.-K., Ting, K.-T. and Lin,

F.-Y. : 3D pulsed chaos lidar system, *Optics Express*, **26**, 9, pp. 12230–12241 (2018)

27) What is Optical Circulator?, `https://www.youtube.com/watch?v=Sevk1bg072A` (2023 年 11 月現在)

28) 川田善正：はじめての光学, 講談社 (2014)

29) Lin, X., Rivenson, Y., Yardimci, N. T., Veli, M., Luo, Y., Jarrahi, M. and Ozcan, A. : All-optical machine learning using diffractive deep neural networks, *Science*, **361**, 6406, pp. 1004–1008 (2018)

30) Chang, C., Bang, K., Wetzstein, G., Lee, B. and Gao, L. : Toward the next-generation VR/AR optics: a review of holographic near-eye displays from a human-centric perspective, *Optica*, **7**, 11, pp. 1563–1578 (2020)

31) Park, J.-H. : Recent progress in computer-generated holography for three-dimensional scenes, *Journal of Information Display*, **18**, 1, pp. 1–12 (2017)

32) Pi, D., Liu, J. and Wang, Y. : Review of computer-generated hologram algorithms for color dynamic holographic three-dimensional display, *Light: Science & Applications*, **11**, 1, p. 231 (2022)

33) Malinauskas, M., Žukauskas, A., Hasegawa, S., Hayasaki, Y., Mizeikis, V., Buividas, R. and Juodkazis, S. : Ultrafast laser processing of materials: from science to industry, *Light: Science & Applications*, **5**, 8, pp. e16133–e16133 (2016)

34) Yang, W. and Yuste, R. : Holographic imaging and photostimulation of neural activity, *Current Opinion in Neurobiology*, **50**, pp. 211–221 (2018)

35) Corsetti, S. and Dholakia, K. : Optical manipulation: advances for biophotonics in the 21st century, *Journal of Biomedical Optics*, **26**, 7, p. 070602 (2021)

36) Goodman, J. W. : *Introduction to Fourier optics*, Roberts and Company publishers (2005)

37) 谷田貝豊彦：光とフーリエ変換, 朝倉書店 (2012)

38) 谷田　純：光計算, 近代科学社 (2011)

39) 大津元一：ナノフォトニックデバイス・加工, オーム社 (2008)

40) 大津元一, 成瀬　誠, 八井　崇：先端光技術入門—ナノフォトニクスに挑戦しよう—, 朝倉書店 (2009)

41) Naruse, M., Hori, H., Kobayashi, K., Holmström, P., Thylén, L. and Ohtsu, M. : Lower bound of energy dissipation in optical excitation transfer via optical near-field interactions, *Optics Express*, **18**, 104, pp. A544–A553 (2010)

42) Naruse, M., Holmström, P., Kawazoe, T., Akahane, K., Yamamoto, N., Thylén, L. and Ohtsu, M.：Energy dissipation in energy transfer mediated by optical near-field interactions and their interfaces with optical far-fields, *Applied Physics Letters*, **100**, 24, p. 241102 (2012)

43) Naruse, M., Hori, H., Kobayashi, K. and Ohtsu, M. : Tamper resistance in optical excitation transfer based on optical near-field interactions, *Optics Letters*, **32**, 12, pp. 1761–1763 (2007)

44) 成瀬　誠, 川添　忠, 大津元一：低消費エネルギーを実現するナノフォトニクス技術, 光学, **39**, 10, pp. 476–481 (2010)

45) Naruse, M., Kawazoe, T., Sangu, S., Kobayashi, K. and Ohtsu, M. : Optical interconnects based on optical far-and near-field interactions for high-density data broadcasting, *Optics Express*, **14**, 1, pp. 306–313 (2006)

46) Tate, N., Naruse, M., Yatsui, T., Kawazoe, T., Hoga, M., Ohyagi, Y., Fukuyama, T., Kitamura, M. and Ohtsu, M. : Nanophotonic code embedded in embossed hologram for hierarchical information retrieval, *Optics Express*, **18**, 7, pp. 7497–7505 (2010)

47) Naruse, M., Yatsui, T., Nomura, W., Hirose, N. and Ohtsu, M. : Hierarchy in optical near-fields and its application to memory retrieval, *Optics Express*, **13**, 23, pp. 9265–9271 (2005)

48) Naruse, M., Inoue, T. and Hori, H. : Analysis and synthesis of hierarchy in optical near-field interactions at the nanoscale based on angular spectrum, *Japanese Journal of Applied Physics*, **46**, 9R, p. 6095 (2007)

49) AI and Compute, `https://openai.com/blog/ai-and-compute/` (2023 年 11 月現在)

50) Xu, X., Ding, Y., Hu, S. X., Niemier, M., Cong, J., Hu, Y. and Shi, Y. : Scaling for edge inference of deep neural networks, *Nature Electronics*, **1**, 4, pp. 216–222 (2018)

51) *International Roadmap for Devices and Systems 2022 Edition Executive Summary*, IEEE (2022)

52) 総務省：令和 4 年版 情報通信白書, 総務省 (2022)

53) Jones, N. : The information factories, *Nature*, **561**, 7722, pp. 163–166 (2018)

54) 石川正俊：二次元情報処理のシステムアーキテクチャー―光ニューロコンピューティング, 光インターコネクション, 超高速ビジョン―, 光学, **43**, 1, pp. 27–34 (2014)

55) Hill, M. D. and Marty, M. R.：Amdahl's law in the multicore era, *Computer*,

41, 7, pp. 33–38 (2008)

56) 北山研一：光演算に基づく光データ処理の最前線—フォトニックアクセラレーター—, 光学, **50**, 1, pp. 2–11 (2021)

57) 天野英晴：並列コンピュータ—非定量的アプローチ—, オーム社 (2020)

58) Kitayama, K.-i., Notomi, M., Naruse, M., Inoue, K., Kawakami, S. and Uchida, A.：Novel frontier of photonics for data processing—Photonic accelerator, *APL Photonics*, **4**, 9, p. 090901 (2019)

59) 甘利俊一：神経回路網の数理, 産業図書 (1978)

60) Bartlett, P. L., Montanari, A. and Rakhlin, A.：Deep learning: a statistical viewpoint, *Acta Numerica*, **30**, pp. 87–201 (2021)

61) Mead, C.：*Analog VLSI and neural systems*, Addison-Wesley (1989)

62) Indiveri, G., Linares-Barranco, B., Hamilton, T. J., Schaik, A. v., Etienne-Cummings, R., Delbruck, T., Liu, S.-C., Dudek, P., Häfliger, P., Renaud, S., Schemme, J., Cauwenberghs, G., Arthur, J., Hynna, K., Folowosele, F., Saighi, S., Serrano-Gotarredona, T., Wijekoon, J., Wang, Y. and Boahen, K.：Neuromorphic silicon neuron circuits, *Frontiers in Neuroscience*, **5**, p. 73 (2011)

63) Boahen, K.：A neuromorph's prospectus, *Computing in Science & Engineering*, **19**, 2, pp. 14–28 (2017)

64) Scholze, S., Eisenreich, H., Höppner, S., Ellguth, G., Henker, S., Ander, M., Hänzsche, S., Partzsch, J., Mayr, C. and Schüffny, R.：A 32 GBit/s communication SoC for a waferscale neuromorphic system, *Integration*, **45**, 1, pp. 61–75 (2012)

65) Merolla, P. A., Arthur, J. V., Alvarez-Icaza, R., Cassidy, A. S., Sawada, J., Akopyan, F., Jackson, B. L., Imam, N., Guo, C., Nakamura, Y., et al.：A million spiking-neuron integrated circuit with a scalable communication network and interface, *Science*, **345**, 6197, pp. 668–673 (2014)

66) Furber, S. B., Galluppi, F., Temple, S. and Plana, L. A.：The spinnaker project, *Proceedings of the IEEE*, **102**, 5, pp. 652–665 (2014)

67) Furber, S.：Large-scale neuromorphic computing systems, *Journal of Neural Engineering*, **13**, 5, p. 051001 (2016)

68) Ishikawa, M., Mukohzaka, N., Toyoda, H. and Suzuki, Y.：Optical associatron: a simple model for optical associative memory, *Applied Optics*, **28**, 2, pp. 291–301 (1989)

69) 石川正俊：光コンピュータと並列学習情報処理, 計測と制御, **27**, 12, pp. 59–66 (1988)

70) Kohonen, T. : *Self-organization and associative memory*, **8**, Springer Science & Business Media (2012)

71) Kung, H.-T. : Why systolic architectures?, *Computer*, **15**, 1, pp. 37–46 (1982)

72) Jouppi, N. P., et al. : In-datacenter performance analysis of a tensor processing unit, in *Proceedings of the 44th annual international symposium on computer architecture*, pp. 1–12 (2017)

73) Sato, K. and Young, C. : An in-depth look at Google's first Tensor Processing Unit (TPU), `https://cloud.google.com/blog/products/ai-machine-learning/an-in-depth-look-at-googles-first-tensor-processing-unit-tpu` (2023 年 11 月現在)

74) 宮本　裕, 吉野修一, 岡田　顕：将来の大容量通信インフラを支える超高速通信技術, NTT 技術ジャーナル, **31**, 3, pp. 10–15 (2019)

75) Shastri, B. J., Tait, A. N., Lima, Ferreira de T., Pernice, W. H., Bhaskaran, H., Wright, C. D. and Prucnal, P. R. : Photonics for artificial intelligence and neuromorphic computing, *Nature Photonics*, **15**, 2, pp. 102–114 (2021)

76) Cheng, J., Zhou, H. and Dong, J. : Photonic matrix computing: from fundamentals to applications, *Nanomaterials*, **11**, 7, p. 1683 (2021)

77) Zhou, H., Dong, J., Cheng, J., Dong, W., Huang, C., Shen, Y., Zhang, Q., Gu, M., Qian, C., Chen, H., et al. : Photonic matrix multiplication lights up photonic accelerator and beyond, *Light: Science & Applications*, **11**, 1, p. 30 (2022)

78) 川上哲志, 浅井里奈, 小野貴継, 本田宏明, 井上弘士, 北　翔太, 納富雅也：ナノフォトニックコンピューティングの性能限界, 情報処理学会研究報告, **2017-ARC-227**, 18, pp. 1–9 (2017)

79) Qian, C., Lin, X., Lin, X., Xu, J., Sun, Y., Li, E., Zhang, B. and Chen, H. : Performing optical logic operations by a diffractive neural network, *Light: Science & Applications*, **9**, 1, p. 59 (2020)

80) Shen, Y., Harris, N. C., Skirlo, S., Prabhu, M., Baehr-Jones, T., Hochberg, M., Sun, X., Zhao, S., Larochelle, H., Englund, D. and Soljačić, M. : Deep learning with coherent nanophotonic circuits, *Nature Photonics*, **11**, 7, pp. 441–446 (2017)

81) Lightelligence, `https://www.lightelligence.ai/` (2023 年 11 月現在)

82) Lightmatter, `https://lightmatter.co/` (2023 年 11 月現在)

83) Reck, M., Zeilinger, A., Bernstein, H. J. and Bertani, P. : Experimental realization of any discrete unitary operator, *Physical Review Letters*, **73**,

1, p. 58 (1994)

84) Tait, A. N., De Lima, T. F., Nahmias, M. A., Shastri, B. J. and Prucnal, P. R. : Continuous calibration of microring weights for analog optical networks, *IEEE Photonics Technology Letters*, **28**, 8, pp. 887–890 (2016)

85) Tait, A. N., Wu, A. X., De Lima, T. F., Zhou, E., Shastri, B. J., Nahmias, M. A. and Prucnal, P. R. : Microring weight banks, *IEEE Journal of Selected Topics in Quantum Electronics*, **22**, 6, pp. 312–325 (2016)

86) Tait, A. N., De Lima, T. F., Nahmias, M. A., Miller, H. B., Peng, H.-T., Shastri, B. J. and Prucnal, P. R. : Silicon photonic modulator neuron, *Physical Review Applied*, **11**, 6, p. 064043 (2019)

87) Nahmias, M. A., De Lima, T. F., Tait, A. N., Peng, H.-T., Shastri, B. J. and Prucnal, P. R. : Photonic multiply-accumulate operations for neural networks, *IEEE Journal of Selected Topics in Quantum Electronics*, **26**, 1, pp. 1–18 (2019)

88) Feldmann, J., Youngblood, N., Karpov, M., Gehring, H., Li, X., Stappers, M., Le Gallo, M., Fu, X., Lukashchuk, A., Raja, A. S., Liu, J., Wright, C. D., Sebastian, A., Kippenberg, T. J., Pernice, W. H. P. and Bhaskaran, H. : Parallel convolutional processing using an integrated photonic tensor core, *Nature*, **589**, 7840, pp. 52–58 (2021)

89) Xu, X., Tan, M., Corcoran, B., Wu, J., Boes, A., Nguyen, T. G., Chu, S. T., Little, B. E., Hicks, D. G., Morandotti, R., et al. : 11 TOPS photonic convolutional accelerator for optical neural networks, *Nature*, **589**, 7840, pp. 44–51 (2021)

90) 田中剛平 : リザバーコンピューティングの概念と最近の動向, 電子情報通信学会誌, **102**, 2, pp. 108–113 (2019)

91) Jaeger, H. and Haas, H. : Harnessing nonlinearity: Predicting chaotic systems and saving energy in wireless communication, *Science*, **304**, 5667, pp. 78–80 (2004)

92) Maass, W., Natschläger, T. and Markram, H. : Real-time computing without stable states: A new framework for neural computation based on perturbations, *Neural Computation*, **14**, 11, pp. 2531–2560 (2002)

93) Coulombe, J. C., York, M. C. and Sylvestre, J. : Computing with networks of nonlinear mechanical oscillators, *PloS one*, **12**, 6, p. e0178663 (2017)

94) Torrejon, J., Riou, M., Araujo, F. A., Tsunegi, S., Khalsa, G., Querlioz, D., Bortolotti, P., Cros, V., Yakushiji, K., Fukushima, A., et al. : Neuromorphic computing with nanoscale spintronic oscillators, *Nature*, **547**, 7664,

pp. 428–431 (2017)

95) Nakajima, K., Hauser, H., Li, T. and Pfeifer, R. : Information processing via physical soft body, *Scientific Reports*, **5**, 1, p. 10487 (2015)

96) 菅野円隆, 内田淳史 : 光リザーバコンピューティングの展開, 人工知能学会誌, **33**, 5, pp. 577–585 (2018)

97) 内田淳史, 菅野円隆 : 光を用いたリザバーコンピューティングの最新研究動向, 電子情報通信学会誌, **102**, 2, pp. 127–133 (2019)

98) Lugnan, A., Katumba, A., Laporte, F., Freiberger, M., Sackesyn, S., Ma, C., Gooskens, E., Dambre, J. and Bienstman, P. : Photonic neuromorphic information processing and reservoir computing, *APL Photonics*, **5**, 2, p. 020901 (2020)

99) Appeltant, L., Soriano, M. C., Sande, Van der G., Danckaert, J., Massar, S., Dambre, J., Schrauwen, B., Mirasso, C. R. and Fischer, I. : Information processing using a single dynamical node as complex system, *Nature Communications*, **2**, 1, p. 468 (2011)

100) Brunner, D., Soriano, M. C., Mirasso, C. R. and Fischer, I. : Parallel photonic information processing at gigabyte per second data rates using transient states, *Nature Communications*, **4**, 1, p. 1364 (2013)

101) Bueno, J., Brunner, D., Soriano, M. C. and Fischer, I. : Conditions for reservoir computing performance using semiconductor lasers with delayed optical feedback, *Optics Express*, **25**, 3, pp. 2401–2412 (2017)

102) Takano, K., Sugano, C., Inubushi, M., Yoshimura, K., Sunada, S., Kanno, K. and Uchida, A. : Compact reservoir computing with a photonic integrated circuit, *Optics Express*, **26**, 22, pp. 29424–29439 (2018)

103) Bueno, J., Maktoobi, S., Froehly, L., Fischer, I., Jacquot, M., Larger, L. and Brunner, D. : Reinforcement learning in a large-scale photonic recurrent neural network, *Optica*, **5**, 6, pp. 756–760 (2018)

104) Rafayelyan, M., Dong, J., Tan, Y., Krzakala, F. and Gigan, S. : Large-scale optical reservoir computing for spatiotemporal chaotic systems prediction, *Physical Review X*, **10**, 4, p. 041037 (2020)

105) Sunada, S. and Uchida, A. : Photonic neural field on a silicon chip: large-scale, high-speed neuro-inspired computing and sensing, *Optica*, **8**, 11, pp. 1388–1396 (2021)

106) Laporte, F., Katumba, A., Dambre, J. and Bienstman, P. : Numerical demonstration of neuromorphic computing with photonic crystal cavities, *Optics Express*, **26**, 7, pp. 7955–7964 (2018)

107) Hasegawa, H., Kanno, K. and Uchida, A. : Parallel and deep reservoir computing using semiconductor lasers with optical feedback, *Nanophotonics*, **12**, 5, pp. 869–881 (2022)

108) Röhm, A., Gauthier, D. J. and Fischer, I. : Model-free inference of unseen attractors: Reconstructing phase space features from a single noisy trajectory using reservoir computing, *Chaos: An Interdisciplinary Journal of Nonlinear Science*, **31**, 10 (2021)

109) Lim, A. : AI may help predict previously unseen states in dynamical systems, *Scilight*, **2021**, 44, p. 441103 (2021)

110) 勤務シフト最適化ソリューション, https://www.hitachi.co.jp/products/ it/magazine/hitac/backnumber/2020/11/06/index.html (2023年11月現在)

111) 世界初　電波資源を有効活用する新たな周波数割り当て方式の開発と量子コンピューティング技術を適用した実証に成功, https://www.kddi-research.jp/ newsrelease/2021/031701.html (2023年11月現在)

112) 損保ジャパン、保険引受業務における擬似量子コンピュータの実務利用を開始, https://www.hitachi.co.jp/New/cnews/month/2022/03/0329d.html (2023年11月現在)

113) Hayes, B. : Computing science: The easiest hard problem, *American Scientist*, **90**, 2, pp. 113–117 (2002)

114) Johnson, M. W., Amin, M. H., Gildert, S., Lanting, T., Hamze, F., Dickson, N., Harris, R., Berkley, A. J., Johansson, J., Bunyk, P., Chapple, E. M., Enderud, C., Hilton, J. P., Karimi, K., Ladizinsky, E., Ladizinsky, N., Oh, T., Perminov, I., Rich, C., Thom, M. C., Tolkacheva, E., Truncik, C. J. S., Uchaikin, S., Wang, J., Wilson, B. and Rose, G. : Quantum annealing with manufactured spins, *Nature*, **473**, 7346, pp. 194–198 (2011)

115) Yamaoka, M., Yoshimura, C., Hayashi, M., Okuyama, T., Aoki, H. and Mizuno, H. : A 20k-spin Ising chip to solve combinatorial optimization problems with CMOS annealing, *IEEE Journal of Solid-State Circuits*, **51**, 1, pp. 303–309 (2015)

116) Hayashi, M., Yamaoka, M., Yoshimura, C., Okuyama, T., Aoki, H. and Mizuno, H. : Accelerator chip for ground-state searches of Ising model with asynchronous random pulse distribution, *International Journal of Networking and Computing*, **6**, 2, pp. 195–211 (2016)

117) 山岡雅直：CMOS アニーリングマシンの概要と開発状況, 電子情報通信学会誌, **103**, 3, pp. 311–316 (2020)

118) Okuyama, T., Sonobe, T., Kawarabayashi, K.-i. and Yamaoka, M.：Binary optimization by momentum annealing, *Physical Review E*, **100**, 1, p. 012111 (2019)

119) Inagaki, T., Haribara, Y., Igarashi, K., Sonobe, T., Tamate, S., Honjo, T., Marandi, A., McMahon, P. L., Umeki, T., Enbutsu, K., et al.：A coherent Ising machine for 2000-node optimization problems, *Science*, **354**, 6312, pp. 603–606 (2016)

120) Inagaki, T., Inaba, K., Hamerly, R., Inoue, K., Yamamoto, Y. and Takesue, H.：Large-scale Ising spin network based on degenerate optical parametric oscillators, *Nature Photonics*, **10**, 6, pp. 415–419 (2016)

121) Böhm, F., Inagaki, T., Inaba, K., Honjo, T., Enbutsu, K., Umeki, T., Kasahara, R. and Takesue, H.：Understanding dynamics of coherent Ising machines through simulation of large-scale 2D Ising models, *Nature Communications*, **9**, 1, p. 5020 (2018)

122) 稲垣卓弘：光発振器のネットワークを利用した組合せ最適化, 人工知能学会誌, **33**, 5, pp. 586–591 (2018)

123) 武居弘樹, 稲垣卓弘：縮退パラメトリック発振器ネットワークを用いたイジングモデルの基底状態探索, 電子情報通信学会誌, **103**, 3, pp. 305–310 (2020)

124) Pierangeli, D., Marcucci, G. and Conti, C.：Large-scale photonic Ising machine by spatial light modulation, *Physical Review letters*, **122**, 21, p. 213902 (2019)

125) Pierangeli, D., Marcucci, G., Brunner, D. and Conti, C.：Noise-enhanced spatial-photonic Ising machine, *Nanophotonics*, **9**, 13, pp. 4109–4116 (2020)

126) Sutton, R. S. and Barto, A. G.：*Reinforcement learning: An introduction*, MIT press (2018)

127) Lai, L., El Gamal, H., Jiang, H. and Poor, H. V.：Cognitive medium access: Exploration, exploitation, and competition, *IEEE Transactions on Mobile Computing*, **10**, 2, pp. 239–253 (2010)

128) Silver, D., Schrittwieser, J., Simonyan, K., Antonoglou, I., Huang, A., Guez, A., Hubert, T., Baker, L., Lai, M., Bolton, A., Chen, Y., Lillicrap, T., Hui, F., Sifre, L., Driessche, van den G. T., George and Hassabis, D.：Mastering the game of go without human knowledge, *Nature*, **550**, 7676, pp. 354–359 (2017)

129) Daw, N. D., O'doherty, J. P., Dayan, P., Seymour, B. and Dolan, R. J.：Cortical substrates for exploratory decisions in humans, *Nature*, **441**, 7095, pp. 876–879 (2006)

130) Robbins, H. : Some aspects of the sequential design of experiments, *Bulletin of the American Mathematical Society*, **58**, 5, pp. 527–535 (1952)

131) Auer, P., Cesa-Bianchi, N. and Fischer, P. : Finite-time analysis of the multiarmed bandit problem, *Machine Learning*, **47**, pp. 235–256 (2002)

132) Naruse, M., Berthel, M., Drezet, A., Huant, S., Aono, M., Hori, H. and Kim, S.-J. : Single-photon decision maker, *Scientific Reports*, **5**, 1, p. 13253 (2015)

133) Naruse, M., Berthel, M., Drezet, A., Huant, S., Hori, H. and Kim, S.-J. : Single photon in hierarchical architecture for physical decision making: Photon intelligence, *ACS Photonics*, **3**, 12, pp. 2505–2514 (2016)

134) Naruse, M., Terashima, Y., Uchida, A. and Kim, S.-J. : Ultrafast photonic reinforcement learning based on laser chaos, *Scientific Reports*, **7**, 1, p. 8772 (2017)

135) Naruse, M., Mihana, T., Hori, H., Saigo, H., Okamura, K., Hasegawa, M. and Uchida, A. : Scalable photonic reinforcement learning by time-division multiplexing of laser chaos, *Scientific Reports*, **8**, 1, p. 10890 (2018)

136) Okada, N., Hasegawa, M., Chauvet, N., Li, A. and Naruse, M. : Analysis on effectiveness of surrogate data-based laser chaos decision maker, *Complexity*, **2021**, pp. 1–9 (2021)

137) Okada, N., Yamagami, T., Chauvet, N., Ito, Y., Hasegawa, M. and Naruse, M. : Theory of acceleration of decision-making by correlated time sequences, *Complexity*, **2022**, pp. 1–13 (2022)

138) Iwami, R., Mihana, T., Kanno, K., Sunada, S., Naruse, M. and Uchida, A. : Controlling chaotic itinerancy in laser dynamics for reinforcement learning, *Science Advances*, **8**, 49, p. eabn8325 (2022)

139) Takeuchi, S., Hasegawa, M., Kanno, K., Uchida, A., Chauvet, N. and Naruse, M. : Dynamic channel selection in wireless communications via a multi-armed bandit algorithm using laser chaos time series, *Scientific Reports*, **10**, 1, p. 1574 (2020)

140) Chauvet, N., Jegouso, D., Boulanger, B., Saigo, H., Okamura, K., Hori, H., Drezet, A., Huant, S., Bachelier, G. and Naruse, M. : Entangled-photon decision maker, *Scientific Reports*, **9**, 1, p. 12229 (2019)

141) Fedrizzi, A., Herbst, T., Poppe, A., Jennewein, T. and Zeilinger, A. : A wavelength-tunable fiber-coupled source of narrowband entangled photons, *Optics Express*, **15**, 23, pp. 15377–15386 (2007)

142) Budhiraja, I., Kumar, N., Tyagi, S., Tanwar, S., Han, Z., Piran, M. J. and

Suh, D. Y. : A systematic review on NOMA variants for 5G and beyond, *IEEE Access*, **9**, pp. 85573–85644 (2021)

143) Duan, Z., Li, A., Okada, N., Ito, Y., Chauvet, N., Naruse, M. and Hasegawa, M. : User pairing using laser chaos decision maker for NOMA systems, *Nonlinear Theory and Its Applications, IEICE*, **13**, 1, pp. 72–83 (2022)

144) Deek, L., Garcia-Villegas, E., Belding, E., Lee, S.-J. and Almeroth, K. : Intelligent channel bonding in 802.11 n WLANs, *IEEE Transactions on Mobile Computing*, **13**, 6, pp. 1242–1255 (2013)

145) Kanemasa, H., Li, A., Ito, Y., Chauvet, N., Naruse, M. and Hasegawa, M. : Dynamic channel bonding in WLANs by hierarchical laser chaos decision maker, *Nonlinear Theory and Its Applications, IEICE*, **13**, 1, pp. 84–100 (2022)

146) Kanno, K., Naruse, M. and Uchida, A. : Adaptive model selection in photonic reservoir computing by reinforcement learning, *Scientific Reports*, **10**, 1, p. 10062 (2020)

147) Zhu, L., Aono, M., Kim, S.-J. and Hara, M. : Amoeba-based computing for traveling salesman problem: Long-term correlations between spatially separated individual cells of Physarum polycephalum, *BioSystems*, **112**, 1, pp. 1–10 (2013)

148) Kim, S.-J., Aono, M. and Hara, M. : Tug-of-war model for the two-bandit problem: Nonlocally-correlated parallel exploration via resource conservation, *BioSystems*, **101**, 1, pp. 29–36 (2010)

149) Naruse, M., Aono, M., Kim, S.-J., Kawazoe, T., Nomura, W., Hori, H., Hara, M. and Ohtsu, M. : Spatiotemporal dynamics in optical energy transfer on the nanoscale and its application to constraint satisfaction problems, *Physical Review B*, **86**, 12, p. 125407 (2012)

150) Naruse, M., Tate, N., Aono, M. and Ohtsu, M. : Information physics fundamentals of nanophotonics, *Reports on Progress in Physics*, **76**, 5, p. 056401 (2013)

151) Aono, M., Naruse, M., Kim, S.-J., Wakabayashi, M., Hori, H., Ohtsu, M. and Hara, M. : Amoeba-inspired nanoarchitectonic computing: solving intractable computational problems using nanoscale photoexcitation transfer dynamics, *Langmuir*, **29**, 24, pp. 7557–7564 (2013)

152) Kasai, S., Aono, M. and Naruse, M. : Amoeba-inspired computing architecture implemented using charge dynamics in parallel capacitance network,

Applied Physics Letters, **103**, 16, p. 163703 (2013)

153) Saito, K., Aono, M. and Kasai, S. : Amoeba-inspired analog electronic computing system integrating resistance crossbar for solving the travelling salesman problem, *Scientific Reports*, **10**, 1, p. 20772 (2020)

154) Uchiyama, K., Suzui, H., Nakagomi, R., Saigo, H., Uchida, K., Naruse, M. and Hori, H. : Generation of Schubert polynomial series via nanometre-scale photoisomerization in photochromic single crystal and double-probe optical near-field measurements, *Scientific Reports*, **10**, 1, p. 2710 (2020)

155) Uchiyama, K., Nakajima, S., Suzui, H., Chauvet, N., Saigo, H., Horisaki, R., Uchida, K., Naruse, M. and Hori, H. : Order recognition by Schubert polynomials generated by optical near-field statistics via nanometre-scale photochromism, *Scientific Reports*, **12**, 1, p. 19008 (2022)

156) 池田　岳：数え上げ幾何学講義: シューベルト・カルキュラス入門, 東京大学出版会 (2018)

157) 前野俊昭：Schubert 多項式とその仲間たち, 数学書房 (2016)

158) 文部科学省・日本学術振興会 科学研究費補助金 学術変革領域研究 (A) 領域 VI 「光の極限性能を生かすフォトニックコンピューティングの創成」, https://www.photoniccomputing.jp/ (2023 年 11 月現在)

索　　引

―― 著者略歴 ――

1994年　東京大学工学部計数工学科卒業
1996年　東京大学大学院工学系研究科修士課程修了（計数工学専攻）
1999年　東京大学大学院工学系研究科博士課程修了（計数工学専攻）
　　　　博士（工学）
1999年　東京大学国際・産学共同センターリサーチ・アソシエイト
2000年　東京大学大学院助手
2002年　情報通信研究機構研究員（着任時は通信総合研究所）
2003年　情報通信研究機構主任研究員
2017年　情報通信研究機構プランニングマネージャー
～18年
2017年　情報通信研究機構総括研究員
2019年　東京大学大学院教授
2023年　逝去

現代光コンピューティング入門
Introduction to Modern Photonic Computing　　　　　　　　© Makoto Naruse 2024

2024 年 5 月 7 日　初版第 1 刷発行　　　　　　　　　　　　　　　★

検印省略

著　者	成　瀬　　　誠	
発 行 者	株式会社　コ ロ ナ 社	
	代 表 者　牛 来 真 也	
印 刷 所	三 美 印 刷 株 式 会 社	
製 本 所	有限会社　愛 千 製 本 所	

112–0011　東京都文京区千石 4–46–10
発 行 所　株式会社　コ ロ ナ 社
CORONA PUBLISHING CO., LTD.
Tokyo Japan
振替 00140–8–14844・電話(03)3941–3131(代)
ホームページ　https://www.coronasha.co.jp

ISBN 978–4–339–02941–3　C3055　Printed in Japan　　　　　（西村）

JCOPY　＜出版者著作権管理機構　委託出版物＞
本書の無断複製は著作権法上での例外を除き禁じられています。複製される場合は，そのつど事前に，
出版者著作権管理機構（電話 03-5244-5088，FAX 03-5244-5089, e-mail: info@jcopy.or.jp）の許諾を
得てください。

本書のコピー，スキャン，デジタル化等の無断複製・転載は著作権法上での例外を除き禁じられています。
購入者以外の第三者による本書の電子データ化及び電子書籍化は，いかなる場合も認めていません。
落丁・乱丁はお取替えいたします。

情報ネットワーク科学シリーズ

(各巻A5判)

コロナ社創立90周年記念出版 〔創立1927年〕

■電子情報通信学会 監修
■編集委員長　村田正幸
■編集委員　会田雅樹・成瀬　誠・長谷川幹雄

> 本シリーズは，従来の情報ネットワーク分野における学術基盤では取り扱うことが困難な諸問題，すなわち，大量で多様な端末の収容，ネットワークの大規模化・多様化・複雑化・モバイル化・仮想化，省エネルギーに代表される環境調和性能を含めた物理世界とネットワーク世界の調和，安全性・信頼性の確保などの問題を克服し，今後の情報ネットワークのますますの発展を支えるための学術基盤としての「情報ネットワーク科学」の体系化を目指すものである．

シリーズ構成

配本順			頁	本体
1.（1回）	**情報ネットワーク科学入門**	村田正幸 成瀬　誠 編著	230	3000円
2.（4回）	**情報ネットワークの数理と最適化** —性能や信頼性を高めるためのデータ構造とアルゴリズム—	巳波弘佳 井上　武 共著	200	2600円
3.（2回）	**情報ネットワークの分散制御と階層構造**	会田雅樹著	230	3000円
4.（5回）	**ネットワーク・カオス** —非線形ダイナミクス，複雑系と情報ネットワーク—	中尾裕也 長谷川幹雄 共著 合原一幸	262	3400円
5.（3回）	**生命のしくみに学ぶ 情報ネットワーク設計・制御**	若宮直紀 荒川伸一 共著	166	2200円

定価は本体価格＋税です。
定価は変更されることがありますのでご了承下さい。

図書目録進呈◆